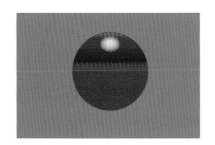

图 3.22　添加多种灯光后的球体

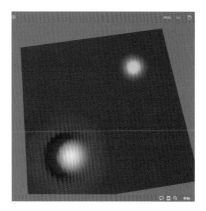

图 3.23　两个聚光灯的照射效果

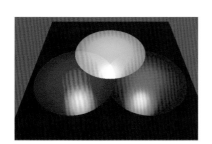

图 3.24　3 束光两两相交的效果

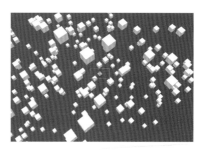

图 3.31　跟厂

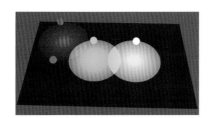

图 3.38　漫反射颜色为黄色时的聚光效果

图 3.39　漫反射颜色为紫色时的聚光效果

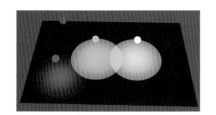

图 3.40　漫反射颜色为青色时的聚光效果

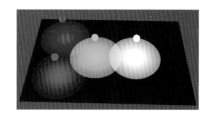

图 3.41　漫反射颜色为白色时的聚光效果

图 3.42 无场景环境光下的材质效果

图 3.43 有场景环境光下的材质效果

图 3.44 场景环境光与物体环境光颜色不冲突情况下的效果

图 3.45 场景的环境光设置为绿色情况下的效果

图 3.46 调整场景环境光改变物体亮度的效果

图 3.47　添加场景半球光后的效果

图 3.48　继续为场景半球光添加高光

图 3.49　将灯光的背景色更改为绿色

图 3.51　材质纹理样例

图 3.52　在物体具有半球光的前提下继续添加材质

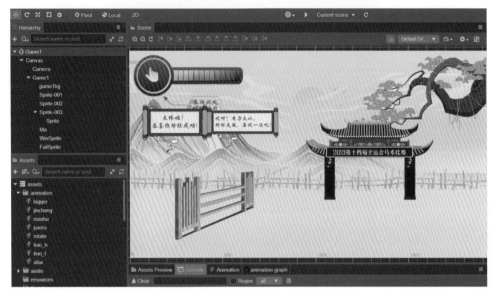

图 6.30　场景展示

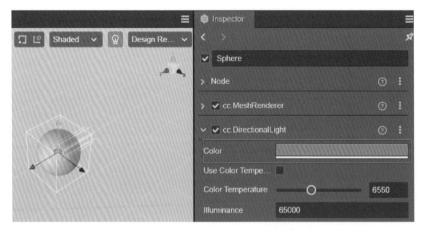

图 6.41　添加红色的平行光组件

计算机科学与技术丛书

# WebXR案例开发

## 基于Web3D引擎的
## 虚拟现实技术

谢平 张克发◎主编

耿生玲 张荣 杨鑫◎副主编

清华大学出版社

北京

## 内容简介

本书详细讲解了 Babylon.js 框架的使用方法、代码编写风格以及详细的案例实现步骤和效果展示，使读者逐步对 WebXR 的学习产生浓厚的兴趣。书中由浅入深地讲解了 WebXR 案例的开发过程，在讲述技术知识点的基础上，详细分析每个案例的具体开发和实现过程，以便读者能够将之前学习的 WebXR 技术相关模块在综合案例中融会贯通。本书还提供了 WebXR 技术相关的辅助学习视频资源，助力 WebXR 开发爱好者快速入门。开发后的 WebXR 应用可发布至云平台，方便用户直接通过移动端或 PC 端的浏览器进行访问和体验。

本书适合作为高等院校数字媒体相关专业的教材或指导书，也可作为 WebXR 开发人员或初学者的参考书。

**图书在版编目（CIP）数据**

WebXR 案例开发：基于 Web3D 引擎的虚拟现实技术/谢平，张克发主编.—北京：清华大学出版社，2023.6（2024.7重印）

（计算机科学与技术丛书）

ISBN 978-7-302-63557-4

Ⅰ．①W… Ⅱ．①谢… ②张… Ⅲ．①网页制作工具 Ⅳ．①TP393.092.2

中国国家版本馆 CIP 数据核字（2023）第 096210 号

责任编辑：刘 星 李 晔
封面设计：李召霞
责任校对：郝美丽
责任印制：沈 露

出版发行：清华大学出版社

  网 址：https://www.tup.com.cn，https://www.wqxuetang.com
  地 址：北京清华大学学研大厦 A 座 邮 编：100084
  社 总 机：010-83470000 邮 购：010-62786544
  投稿与读者服务：010-62776969，c-service@tup.tsinghua.edu.cn
  质量反馈：010-62772015，zhiliang@tup.tsinghua.edu.cn
  课件下载：https://www.tup.com.cn，010-83470236

印 装 者：三河市天利华印刷装订有限公司
经 销：全国新华书店
开 本：186mm×240mm 印 张：14.5 插 页：2 字 数：332 千字
版 次：2023 年 8 月第 1 版 印 次：2024 年 7 月第 2 次印刷
印 数：1501～2300
定 价：69.00 元

产品编号：100292-01

# 前 言
## FOREWORD

本书从 AR/VR 理论知识点到专题技术知识点(场景、灯光、材质等)都做了非常详细的讲解,将晦涩的专题技术知识点以通俗易懂的语言进行描述,并且引入相应的小规模案例,便于读者在动手实操的过程中更加轻松地理解它们。对于之前没有接触过 HTML+CSS 开发的读者,本书还提供了在线图形化开发 WebXR 应用的详细步骤(详见第 5 章),通过一些简单的操作步骤就能够制作出效果不俗的应用进行发布和预览,因此对于初学者非常友好。

### 本书内容

全书分为 6 章,其中第 1 章为概述部分,第 2 章和第 3 章为 WebXR 技术的框架部署、代码规范和开发组件的讲解,第 4~6 章为 WebXR 开发综合案例。各章主要内容介绍如下。

第 1 章主要介绍了虚拟现实、增强现实以及混合现实这 3 种技术的概念、技术特征、实现的相关原理以及实现所需的相关硬件设备环境,让读者从感性认识方面出发了解这 3 种技术的相关知识。

第 2 章介绍了 WebXR 技术的发展以及目前主流 WebXR 技术开发使用的框架。本章讲解了 Three.js、A-Frame 以及 Babylon.js 这 3 种框架的使用方法、代码编写风格以及小型案例实现的效果。

第 3 章是正式步入 WebXR 开发的前置章节,重点讲解了在 Babylon.js 框架下 WebXR 开发中所必须掌握的模块创建方法,包括场景、灯光、相机、动画、音频、材质等的创建,并且针对其中的代码以及 API 的使用做了详细的说明。

第 4 章以中国典型传统建筑三维展示项目为例,详细介绍了 WebXR 开发环境搭建、案例介绍与工程创建以及场景创建、场景交互的开发步骤和方法,使读者能够深入理解并掌握商用 WebXR 案例的开发流程。

第 5 章介绍了在线图形化开发 WebXR 应用的具体步骤,对于编程基础较弱的初学者非常友好,读者可以根据书中的内容在图形化界面中完成 WebXR 开发的每一步操作,并最终完成测试与预览。

第 6 章以目前国内 WebXR 商业项目开发主流使用的 Cocos Creator 引擎作为开发工具,以第十四届全运会为背景,通过 Cocos Creator 引擎开发一款带有皮影戏风格的全运会比赛项目的 WebXR 游戏,让使用者在体验 WebXR 游戏的同时,还能够了解全运会各比赛项目的比赛规则,可以说本章案例非常具有代表性,也非常接近真实商业项目的规模。

### 开发环境

本书每个章节所使用的开发工具可能都不一样,但是,只要开发人员所使用的开发主机硬件环境满足如下相关配置要求即可。

| 序　　号 | 配置项 | 配　置　要　求 |
|:---:|---|---|
| 1 | CPU | 2 核 4 线程 1.8GHz 及以上 |
| 2 | 内存 | 4GB 及以上 |
| 3 | 操作系统 | Windows 7/10/11 |
| 4 | 硬盘 | 500GB 及以上(系统盘预留至少 15GB 剩余空间) |
| 5 | 网络 | 有线或者无线网络(仅限于需要在官方下载资源包的情景) |
| 6 | 显卡 | 入门级的独立显卡及以上 |

### 配套资源

• 教学课件、程序代码和素材资源包(约 1GB)等,扫描下方二维码或者到清华大学出版社官方网站本书页面获取。

配套资源

• 本书还提供一些网络上的辅助学习视频,需关注微信公众号观看,具体获取方式见配套资源中的说明。

### 致谢

作者要特别感谢对本书写作有帮助的所有人,正是他们的帮助以及悉心指导才让作者有了完成本书的信心。

首先,感谢陕西加速想象力教育科技有限公司,该公司建立的 AR/VR 训练营为广大 AR/VR 开发爱好者提供了非常丰富的学习资源,并对本书的一些实现思想、素材等提供了适当的参考。同时,张克发经理以及公司技术人员在作者写书的过程中积极参与,并且提供了非常多的指导和帮助。

其次,感谢各 WebXR 技术官方网站提供的开源 WebXR 开发框架(Three. js/A-Frame/Babylon. js/AR. js/Cocos Creator 等)以及相关的开发手册,使作者在本书的每个章节论述相关的理论知识点或者是重点操作说明时能够有章可循。官方开发手册不仅是编写本书的重要参考依据,同时也是 WebXR 开发初学者必须关注的资源。

期望本书的问世能够激发更多 WebXR 开发爱好者和初学者的学习兴趣,降低 WebXR 开发学习的入门门槛。

在本书的编写过程中,得到了省部共建藏语智能信息处理及应用国家重点实验室、青海省物联网重点实验室、高原科学与可持续发展研究院、青海师范大学计算机学院领导和师生的热心支持,书中使用了课题组的大量资料,在此致以诚挚的谢意。

另外,书中各部分教学内容得到教育部第二批新工科项目"面向区域的多学科交叉融合新工科人才培养探索与实践"(编号: E-DXKJC20200527)、青海省科技厅重点研发与转化计划项目(编号: 2022-SF-165)、国家重点研发计划"公共文化服务装备研发及应用示范"(编号: 2020YFC1523300)和青海师范大学校级教学研究项目(编号: qhnujy2021102)创新基金的资助。

由于作者水平有限,书中难免存在不足之处,敬请读者批评指正。

谢平

2023 年 3 月于西宁

# 目 录
CONTENTS

# 第 1 章

# 虚拟现实基础

## 1.1 增强现实介绍

### 1.1.1 增强现实概念

增强现实(Augmented Reality,AR)技术是指将计算机生成的虚拟物体或信息叠加到真实场景中,从而达到超越现实的感官体验。真实的环境和虚拟的信息被实时叠加到同一个画面或空间中同时存在,体验者既能看到真实世界,又能通过设备与虚拟世界互动,图 1.1 和图 1.2 为增强现实体验效果。

图 1.1　ARKit 官方演示效果图

图 1.2　基于 LBS 的增强现实案例

### 1.1.2 增强现实技术特点

增强现实技术的特点体现在以下 3 个方面。

**1. 虚实结合**

由于虚拟物体与真实世界结合,使得在用户感知到的混合世界里,虚拟物体出现的时间或位置与真实世界对应的事物相一致和协调。

**2. 实时交互**

系统能根据用户当前的位置或状态及时调整与之相关的虚拟世界,并即时将虚拟世界与真实世界结合。真实与虚拟之间的影响或相互作用是实时完成的,例如,视线上的相互阻挡,形状上的相互挤压等。

**3．三维注册**

三维注册要求对合成到真实场景中的虚拟信息和物体准确定位并进行真实感实时绘制,使虚拟物体在合成场景具有真实的存在感和位置感。

## 1.1.3 增强现实技术发展

AR 技术的发展大致可分为萌芽期、成长期和成熟期 3 个阶段,如表 1.1 所示。

表 1.1　AR 技术的发展阶段

| 时代 | 萌 芽 期 | 成 长 期 | 成 熟 期 |
|---|---|---|---|
| 年代 | 1990—2011 年 | 2012—2020 年 | 2021— |
| 产品 | ARToolKit | Google Glass、HoloLens、ARKit、ARCore | 苹果 AR 眼镜、光场智能眼镜、汽车 AR 辅助 |
| 关键词 | 技术理论、手机 AR 雏形 | 手机 3DSensing、AR 应用、AR 商用 | 智能 AR 眼镜、全息 3D、沉浸计算平台 |

**1．萌芽期**(1990—2011 年)

AR 已从概念到理论完全成型。AR 的定义被认可,一些早期的 AR 技术应用诞生,如美国空军研发的 WPAFB 系统、加藤纮一教授开发的第一个 AR 开源框架——ARToolKit 等,AR 处于由理论向技术落地过渡的阶段。

**2．成长期**(2012—2020 年)

AR 开始迅速成长,无论在硬件还是软件层面都在经历不断的更新蜕变。在硬件层面,Google 发布的 AR 眼镜 Google Glass 向世界证明了 AR 走向市场的可能性;2015 年微软发布的 HoloLens 头显设备则是 AR 技术和算法的集大成者。在软件层面,ARKit 和 ARCore 两大移动端 SDK 的发布,为 AR 移动端的爆发扫清了障碍。AR 技术发展史中的主要事件如下图 1.3 所示。

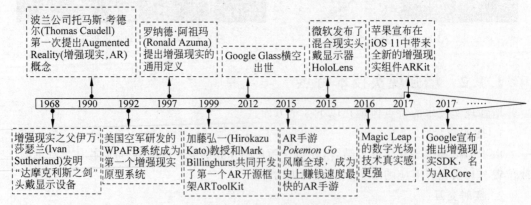

图 1.3　AR 技术发展历程

**3．成熟期（2021—）**

AR 软件算法层面已完全成熟。以苹果为首的国外大厂推出较为成熟的消费级 AR 眼镜产品，使整个 AR 进入新的时代。随着 AR Cloud、深度学习、高速移动网络、感应器、电池和处理器的轻量化，搭载 AR 技术的手机和独立智能眼镜量产普及，真正的 AR 技术平台开始普及，各种应用开始由手机移动平台向 AR 平台迁移或拓展。AR 形态开始发生改变，更多的 AR 技术将随着 3D 全息、物联网、人工智能等的发展出现在人们生活中的每个角落。

## 1.1.4　增强现实技术分类

从技术手段和表现形式上，可将增强现实技术分为基于计算机视觉的 AR（Vision-based AR）、基于地理位置信息的 AR（LBS-based AR）和基于光场技术的 AR 三类。

**1．基于计算机视觉的 AR**

基于计算机视觉的 AR 是利用计算机视觉方法建立现实世界与屏幕之间的映射关系，使绘制的 3D 模型如同依附在现实物体上一般展现在屏幕上，从实现手段上可以分为两类。

1）Marker-based AR

（1）确定一个现实场景中的平面。把事先制作好的 Marker（可以是绘制有一定规格形状的二维码或模板卡片），放到现实中的一个位置上，通过摄像头对 Marker 进行识别和形态评估，并确定其位置。

（2）建立模板坐标系和屏幕坐标系的映射关系。将模板坐标系（以 Marker 为中心原点的坐标系）旋转平移到摄像机坐标系，再从摄像机坐标系映射到屏幕坐标系。根据这个变换在屏幕上画出的图形就可以取得该图形依附在 Marker 上的效果，如图 1.4 所示。

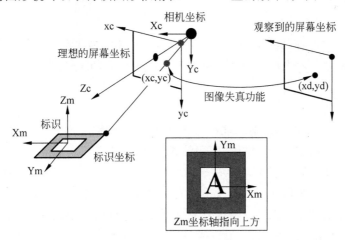

图 1.4　AR 算法原理图

2）Marker-less AR

基本原理与 Marker-based AR 相同，不过它可以用任何具有足够特征点的物体（例如，书的封面、桌子等)作为平面基准,而不需要事先制作特殊的模板,摆脱了模板对 AR 应用的束缚。它通过一系列算法对模板物体提取特征点,并记录或学习这些特征点。当摄像头扫描周围场景时,会提取周围场景的特征点并与记录的模板物体的特征点进行比对;如果扫描到的特征点和模板特征点匹配数量超过阈值,则认为扫描到该模板,然后根据对应的特征点坐标估计相机外参矩阵,再根据外参矩阵进行图形绘制。

### 2. 基于地理位置信息的 AR

基于地理位置信息的 AR(Location-based Service based AR,LBS-based AR)是指通过 GPS 获取用户的地理位置信息,然后从某数据源(例如 Google)获取该位置附近物体(如周围的餐馆、银行、学校等)的 POI(Point Of Information,信息点)信息。每个 POI 包含 4 方面的信息,包括名称、类别、经度/纬度以及附近的酒店/饭店/商铺信息,这些信息也称为"导航地图信息",然后再通过移动设备的电子指南针和加速度传感器获取用户手持设备的方向和倾斜角度,通过这些信息在现实场景中的平面基准上建立目标物体,如图 1.5 所示。

图 1.5　LBS-based AR 效果

### 3. 基于光场技术的 AR

基于光场技术的 AR 是指利用光场(Light Field)技术描述空间中任意点在任意时间的光线强度、方向及波长。光场成像技术不需要任何显示屏,可分为全息技术和视网膜投影技术两类。

1) 全息技术

全息技术是利用干涉和衍射原理记录并再现真实物体的三维图像技术,在镜片的显示屏幕中将虚拟世界与现实世界叠加,使用该类技术的典型代表是 Magic Leap。用户通过 Magic Leap One 可看见虚拟物体存在于现实世界中。如图 1.6 所示,当鲸鱼游过的一瞬间,它皮肤上每一个细胞向四面八方发出的光,叠加起来形成了一个光场。完整记录这条鲸鱼的光场,使用光场技术可以在任何地点完全还原这条鲸鱼发出的所有光线。

2) 视网膜投影技术

视网膜投影技术较全息技术更为先进,通过直接在视网膜上扫描,使人感觉到一幅逼真的外部图像。使用该技术的典型代表是日本激光半导体厂商 QD Laser 的 AR 眼镜 RETISSA Display(2018 年 10 月开始销售,价格约为 4 万元人民币)和加拿大初创公司 North 的 AR 眼镜

North Focals(基本款售价为 599 美元,如图 1.7 所示)。视网膜投影技术目前还不成熟,成本较高。但随着技术的不断进步,成本有望逐步下降,视网膜投影技术低延时、便携、显示效果好的优势将更多地发挥出来,它代表着未来的发展方向。

图 1.6　全息概念图

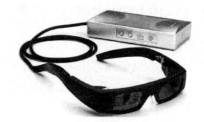

图 1.7　North Focals 眼镜

## 1.1.5　增强现实的技术原理

增强现实技术的目的在于获得真实的体验和自然的交互,主要过程如下:

(1) 虚拟场景经过 3D 建模与渲染,存储在虚拟对象数据库中;

(2) 周围的现实场景通过图像输入设备输入并记录在相应的计算与存储设备中;

(3) 用户借助交互技术与物理环境中的虚拟对象进行交互,同时 AR 设备利用跟踪定位技术实时检测用户的位置、视域方向、手势及运动情况,帮助系统向用户提供合适的虚拟对象;

(4) 依托虚实融合技术对现实世界和虚拟世界进行精确配准,实现遮挡、阴影和光照的一致性,同时支持自然的交互;

(5) 计算与存储设备将精准匹配的图像、动作等信息经由一定的显示设备处理后显示出来,如图 1.8 所示。

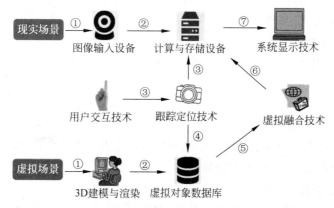

图 1.8　增强现实技术原理

总之,虚拟现实技术体系需要 3D 建模、用户交互、跟踪定位和系统显示四大类技术协调合作,共同呈现给用户一个"虚实结合"的增强现实世界。

## 1.2 虚拟现实介绍

### 1.2.1 虚拟现实概念

虚拟现实概念最早起源于 1935 年的一部科幻小说《皮格马利翁的眼镜》,作者 Stanley G. Weinbaum 在小说中描写了一种包含视觉、嗅觉、触觉等全方位沉浸式体验的虚拟实境系统。幸运的是,这种想象并没有止步于科幻小说中,而是在 22 年后的实验室里,有了虚拟现实眼镜的雏形。

1957 年,电影摄影师 Morton Heilig 发明了名为 Sensorama 的仿真模拟器,能够提供一定程度的沉浸感,它能让人沉浸于虚拟摩托车上的骑行体验,感受声响、风吹、震动和布鲁克林马路的味道。这款设备通过三面显示屏来实现空间感,用户需要坐在椅子上将头探进设备内部,才能体验到沉浸感。思维超前的 Morton Heilig 在当时已经看到了虚拟现实的商业潜能,预见自己的发明将能够被用于训练军队、工人和学生,他尝试将 Sensorama 放置在影院、商场。但是,由于 Sensorama 耗资巨大,又鲜少有投资人看好这种机器,最终商业化失败。

在一个完整的头戴式显示系统中,用户不仅可以看到三维物体的线框图,还可以确定三维物体在空间的位置,并通过头部运动从不同视角观察三维场景的线框图。这在当时的计算机图形技术水平下是相当大的突破,为现今的虚拟技术奠定了坚实基础,Ivan Sutherland 也因此被称为虚拟现实之父。

虚拟现实(Virtual Reality,VR)是指采用计算机技术为核心的现代高科技手段生成一种虚拟环境,用户借助特殊的输入/输出设备,与虚拟世界中的物体进行自然的交互,从而通过视觉、听觉和触觉等获得与真实世界相同的感受。从 VR 的定义可以看出,要获得一个虚拟的"真实在场"状态,要具备以下 4 个要素。

**1. 现代高科技手段**

现代高科技手段包括计算机图形技术、计算机仿真技术、人机交互技术、人机接口技术、多媒体技术、传感器技术等。

**2. 虚拟环境**

VR 要达到较好的效果,和它的内容——虚拟环境是密不可分的。虚拟环境是一种人类主观构造的、模拟真实世界的环境。虚拟环境可以是真实世界中存在的,但人类不可见或不常见的环境,例如太空遨游、火灾现场等。

**3. 输入/输出设备**

常见的输入设备包括游戏手柄/摇杆、3D 数据手套、位置跟踪器、眼动仪、动作捕捉器(数据衣)等,输出设备包括虚拟现实头戴设备、3D 立体显示器、洞穴式立体显示系统等。

**4. 自然地交互**

用户采用自然的方式对虚拟物体进行操作并得到实时立体的反馈,例如,语音、手的移动、头的转动、脚的走动等,如图 1.9 所示。

图 1.9 人与虚拟物体的交互

VR 结合多领域前沿技术,例如,计算机图形学、人机交互技术、传感器技术、人机接口技术、人工智能技术等,利用动作捕捉、运动模拟、位置空间跟踪、传感器等设备,通过欺骗人体感官的方式(三维视觉、听觉、嗅觉等),创造出完全脱离现实的世界,实现对使用者动作信号的实时模拟传输及用户与虚拟环境的高度交互。简单地说,虚拟现实技术就是用计算机创造以假乱真的世界。

## 1.2.2 虚拟现实的特性

从技术层面来看,VR 立足于"建构现实",将用户引入兼具沉浸、互动与想象的虚拟世界;从操作层面来看,VR 是用虚拟事物来"延展"现实世界,并将真实事物和虚构事物融合在同一个空间中。如果说 PC 和智能手机只能将我们暂时地接入虚拟世界,通过外设设备(键盘、鼠标等)与虚拟世界进行交互,那么,VR 设备所带来的沉浸体验,改变的则不仅仅是一个屏幕。VR 必将接过 PC 和智能手机的"接力棒",成为用户和虚拟世界交互的主要媒介。虚拟现实具有 3 个基本特性:沉浸性(Immersion)、交互性(Interactivity)和想象力(Imagination),简称"3I 特性"。其中"沉浸性"是虚拟现实系统最重要的特性。

### 1. 沉浸性

沉浸性又称临场感,指用户感到自己作为主角存在于模拟环境中的真实程度。理想的模拟环境应该使用户难以分辨真假,使用户全身心地投入到计算机创建的三维虚拟环境中,该环境中的一切看上去是真的,听上去是真的,动起来是真的,甚至闻起来、尝起来等一切感觉都是真的,与在现实世界中的感觉一样。

### 2. 交互性

交互性指用户对模拟环境内物体的可操作程度和从环境得到反馈的自然程度(包括实时性)。例如,用户可以用手去直接抓取模拟环境中的虚拟物体,这时手有握着东西的感觉,并可以感觉到物体的重量,视野中被抓的物体也能立刻随着手的移动而移动。

### 3. 想象力

想象力又称构想性,强调虚拟现实技术应具有广阔的可想象空间,可拓宽人类的认知范围,不仅可再现真实存在的环境,也可以随意地构想客观不存在的甚至是不可能发生的环境。

### 1.2.3　虚拟现实技术发展

虚拟现实技术经历了 4 个发展阶段,并逐渐趋于成熟。

**1. 萌芽阶段(20 世纪 50~70 年代)**

1957 年,Morton Heilig 发明了一部名为 Sensorama 的机器,通过 3D 图像、气味、声音、座位的震动以及气流来模拟电影场景的现实感受。1965 年,"虚拟现实之父"美国科学家 Ivan Sutherland 提出感觉真实、交互真实的人机协作新理论。1968 年,计算机图形学之父、虚拟现实之父、著名计算机科学家 Ivan Sutherland 在哈佛大学组织开发了第一个计算机图形驱动的头戴式显示器 Sutherland 及头部位置跟踪系统,如图 1.10 所示。

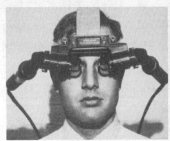

图 1.10　第一台 VR 设备

虽然是头戴式显示器,但由于当时硬件技术的限制导致 Sutherland 相当沉重,根本无法独立穿戴,必须在天花板上搭建支撑杆,否则无法正常使用。这种独特造型与《汉书》中记载的孙敬头悬梁读书的姿势十分类似,被用户们戏称为悬在头上的"达摩克利斯之剑"(The Sword of Damocles)。此阶段的虚拟现实技术没有形成完整的概念,还处于萌芽和探索阶段,基本没有商业化应用。

**2. 初步尝试阶段(20 世纪 70~80 年代)**

1973 年,Myron Krurger 提出 Artificial Reality 概念,这是早期出现的虚拟现实术语。20 世纪 80 年代初,美国国防部研发出虚拟战场系统 SIMNET,美国国家航空航天局开发用于火星探测的虚拟环境视觉显示器。1986 年,"虚拟工作台"的概念被提出,并研发出了裸视 3D 显示器。1988 年,著名计算机科学家 Jaron Lanier 创立的 VPL 公司研制出第一款民用虚拟现实产品 Eyephone,如图 1.11 所示。

图 1.11　Eyephone 虚拟现实头盔

1989 年,VPL 公司创始人正式提出了 Virtual Reality 并被认可和使用。1991 年,出现了一款名为 Virtuality 1000CS 的 VR 设备(如图 1.12 所示),支持游戏 *Dactyl Nightmare*。这款产品在当时的英国引起了轰动,但这款设备比 Eyephone 外形还要笨重,设备总重量在 120kg 左右,两块并排放置在玩家眼前的液晶显示器相当大。Virtuality 1000CS 功能单一、价格昂贵,但吸引了更多的人开始关注 VR 技术的应用潜力,尤其是在重视"真实体验感、沉浸感"的游戏行业。此阶段虚拟现实技术的概念逐渐形成和完善,出现了一些比较典型的虚拟现实应用系统。

图 1.12 Virtuality 1000CS 头盔

### 3. 应用探索阶段(1990—2011 年)

1992 年,Sense8 公司开发了 WTK 软件开发包,极大地缩短了虚拟现实系统的开发周期。1993 年,波音公司使用虚拟现实技术设计出波音 777 飞机。1994 年,虚拟现实建模语言(Virtual Reality Modeling Language,VRML)的出现,为图形数据的网络传输和交互奠定基础。1994 年和 1995 年,日本的世嘉和任天堂公司分别针对游戏产业而推出 Sega VR-1 和 Virtual Boy,做出了 VR 商业化的有益尝试,在业内引起了不小轰动,但没有充分走向民用市场。1995 年,日本知名游戏厂商任天堂发布首个便携式头戴 3D 显示器 Virtual Boy,并配备游戏手柄。Virtual Boy 是游戏产业第一次对 VR 技术的应用。2008 年,Sensics 公司推出高分辨率、宽视野的显示设备 pi Sight,可提供 150°的广角图像。2011 年,索尼推出的头戴 3D 个人影院产品 HMZ-T1(如图 1.13 所示)可被看作是 VR 的过渡产品。

随着时间推移,越来越多输入/输出设备进入市场,人机交互系统设计不断创新,推动了虚拟现实技术的行业领域应用。

### 4. 技术突破与蓬勃应用阶段(2012 年至今)

2012 年,Google 推出了穿戴智能产品 Google Glass。2013 年,Oculus Rift 推出专为电子游戏设计的开发者版本的头戴式显示器,如图 1.14 所示。该显示器使用陀螺仪、加速计

图 1.13 HMZ-T1 设备

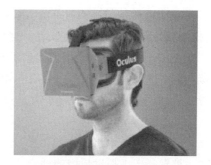

图 1.14 Oculus Rift

等惯性传感器控制视角,可以实时地感知使用者头部的位置,并对应调整显示画面的视角,用户几乎感受不到屏幕的限制,能够完全融入虚拟世界中。

2014 年,Facebook 以 20 亿美金收购 Oculus,成为 VR 产业迎来爆发前的一声春雷。2015 年微软推出 AR 产品 HoloLens。2016 年,各公司纷纷推出自己的消费级 VR 产品,强烈刺激了资本市场。不仅有 Google 的 Cardboard,还有三星 Gear VR、HTC Vive、Oculus Rift 及索尼 PS VR 等。

此阶段与虚拟现实技术密切相关的计算机软件、硬件系统迅速发展,从而推动了虚拟现实技术在各行业领域广泛应用。虚拟现实以沉浸式传感器为特征,有望成为下一代计算平台。

## 1.2.4　虚拟现实技术分类

虚拟现实技术可分为桌面式、分布式、沉浸式和增强式 4 种,技术对比如图 1.15 所示。

| 桌面式虚拟现实 | 分布式虚拟现实 | 沉浸式虚拟现实 | 增强式虚拟现实 |
|---|---|---|---|
| 最易实现、应用最广泛 | 具有最广泛的应用前景 | 最能展现虚拟现实效果 | 具有较大的应用潜力 |
| 采用立体图形技术,在计算机屏幕中产生三维立体空间的交互场景;用户通过输入设备与虚拟世界交互。 | 是虚拟现实技术与网络技术的产物,将多个用户通过计算机网络连接在同一个虚拟世界,共同观察和操作。 | 将用户的听觉、视觉和其他感觉封闭起来,提供完全沉浸式的体验,使用户有一种置身于虚拟世界中的感觉。 | 将真实世界的信息叠加到利用虚拟现实技术模拟、仿真的世界中,使真实世界与虚拟世界融为一体。 |
| 相关设备:计算机、图形工作站、投影仪、键盘、鼠标、力矩仪等。 | 相关设备:图形显示器、通信和控制设备、处理系统等。 | 相关设备:头戴式显示器、洞穴式立体显示装置、数据手套、空间位置跟踪器等。 | 相关设备:穿透式头戴显示器、投影仪、摄像头、计算与存储设备、移动设备等。 |
|  |  |  |  |

图 1.15　不同类型的虚拟现实技术对比

桌面式虚拟现实技术采用立体图形技术,在计算机屏幕中产生三维立体空间的交互场景。用户通过输入设备与虚拟世界交互。交互过程中用到的设备主要有计算机、初级图形工作站、投影仪、键盘、鼠标、力矩仪等。这种技术方式最易实现,应用也最广泛。

分布式虚拟现实技术是虚拟现实技术与网络技术结合的产物,将多个用户通过计算机网络连接在同一个虚拟世界,共同观察和操作。交互过程中用到的设备主要有图形显示器、通信和控制设备、处理系统等。随着互联网的发展和普及,这种技术方式将会具有广泛的应用空间。

沉浸式虚拟现实技术将用户的听觉、视觉和其他感觉封闭起来,提供完全沉浸式的体验,使用户有一种置身于虚拟世界中的感觉。交互过程中用到的设备主要有头戴式显示器、洞穴式立体显示装置、数据手套、空间位置跟踪器等,这种技术方式最能展现虚拟现实效果。

增强式虚拟现实技术将真实世界的信息叠加到利用虚拟现实技术模拟、仿真的世界中，使真实世界与虚拟世界融为一体。交互过程中用到的设备主要有穿透式头戴显示器、投影仪、摄像头、计算与存储设备、移动设备等，这种技术方式具有较大的应用潜力。

## 1.2.5 虚拟现实技术原理

信息输入、信息处理和信息输出是虚拟现实工作机制的 3 个主要环节。信息输入主要是通过感官及交互式输入技术实现的。虚拟现实系统通过动作采集装置及时地将用户的眼、头、手等动作信息进行采集，同时通过按键控制、操纵手柄等交互输入设备获取用户的交互输入信息。信息处理是 VR 实现效果的关键技术，主要是通过图形处理器（Graphic Processing Unit，GPU）强大的图形数据计算能力，将环境建模的虚拟世界分解成用户可感知的视觉、听觉、触觉和嗅觉信息。信息输出部分则是通过视觉、听觉等表现技术来实现。虚拟现实系统借助 VR 头盔、3D 耳机/扬声器、触觉手套、VR 气体装置等信息输出设备，将虚拟环境的视觉、听觉、触觉和嗅觉等信息分别输出给用户，让用户能"身临其境"地感受到。如图 1.16 所示为虚拟现实工作机制原理图。

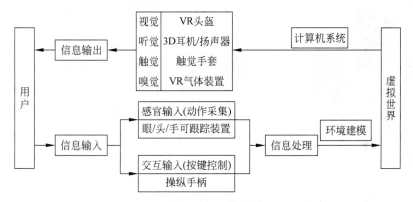

图 1.16　虚拟现实工作机制原理图

### 1. 信息输出——视觉表现技术

在虚拟现实领域，输出技术环节最重要的就是视觉表现技术。视觉表现是目前虚拟现实各项技术中最成熟的一项。视觉表现技术的主要路径包括平面显示技术和视网膜投影技术两种。

视觉是人感知世界的最重要的来源，70%以上的外界信息是由视觉系统获得的，如图 1.17 所示。视觉系统是形成人的沉浸感的最重要因素，也是虚拟现实中人与机器界面传播交流产生沉浸性的重要系统。

平面显示技术的原理是立体视觉。立体视觉是指空间的某个物体在两眼的视图中，由于位置不同而产生的立体视差。人眼利用这种视差，判断物体的远近，产生深度感，形成立体视觉，由此获得环境的三维信息。

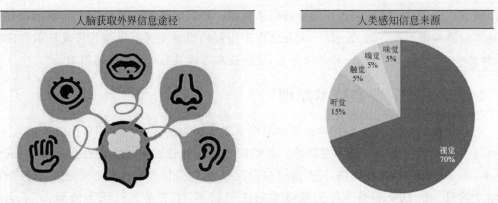

图 1.17　人类感知信息的途径

　　虚拟现实立体视觉生成的关键是形成双目视差。虚拟现实设备应该为双目提供不同的图像,即有视差的图像,如图 1.18 所示。对同一虚拟环境,由两个虚拟观察点分别透视投影,得到有双目视差的两个图像,在使用者大脑中合成立体视觉。

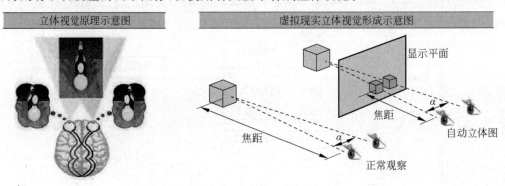

图 1.18　立体视觉原理

　　要得到完美的沉浸式体验,显示设备必须要考虑到屏幕清晰度、视场角、刷新率、延迟等几项指标,如表 1.2 所示。为了确保用户的体验,Digi-Capital(美国科技顾问公司)给出了视觉显示方面的最佳体验参数:2560×1440px,136°视场角和 120Hz 的刷新率。参考这些参数,目前达到要求的设备如下。

　　(1) 分辨率(2560×1440px):Oculus CV1,FOVE,3Glasses D2,Deepoon M2,暴风魔王。

　　(2) 视场角(136°):视场角最大的设备目前达到 120°,产品包括乐相科技有限公司的大朋 E2,Simlens VR。

　　(3) 刷新率(120Hz):Sony Project Morpheus。

表 1.2　屏幕显示设备技术指标

| 技术指标 | 含　义 | 理想配置 |
| --- | --- | --- |
| 屏幕分辨率 | 分辨率是屏幕图像的精密度,屏幕分辨率高,图像更清晰 | 2K |

| 技 术 指 标 | 含 义 | 理 想 配 置 |
|---|---|---|
| 视场角 | 正常状态下,人轻松扫描一眼的横向幅宽为120°,极限接近180°。大的视场角可以增强沉浸感,目前120°视场角是选择VR头盔的一个标准 | 136° |
| 刷新率/延迟 | 随着头部的晃动,显示画面会产生暂留现象,形成拖影,从而导致眩晕。60Hz刷新率,延迟在20ms以内眩晕感会降低很多 | 120Hz/18ms |

平面显示屏幕分 LCD 和 OLED 两种材质,主流的 VR 头盔都采用了 OLED 显示屏。OLED 在几乎所有方面都具有 LCD 无可比拟的优点,二者的性能对比如表1.3所示。

表 1.3  OLED 与 LCD 性能对比

| 技术指标 | OLED | LCD |
|---|---|---|
| 发光机制 | 自行发光,不需要背光 | 需要发光 |
| 显示亮度 | 亮度高,>200CD/m²,可在阳光下显示 | 亮度低,很难在阳光下使用 |
| 反应时间 | 极快,以微秒计,比 LCD 快 1000 倍 | 很慢,以毫秒计,会产生拖影现象 |
| 对比度 | 很高,>5000∶1 | 一般只有 500∶1 |
| 显示失真 | 很小 | 较大,只有水平和垂直视角失真 |
| 视角 | 所有方向都可以超过 160° | 有限制,尤其是垂直方向 |
| 厚度 | 可以小于 2mm | 至少 1cm |
| 柔软度 | 用塑料基板可做成能弯曲的柔软显示面板 | 不能做成可弯曲的显示面板 |
| 耗电 | 极省,40 英寸彩色耗电 80～100W。2.4 英寸有源矩阵耗电 440mW | 采用 CCFL 背光的 40 英寸彩电耗电 290W,而采用彩色 LED 做背光的彩电,耗电 470W,2.4 英寸有源矩阵耗电 605mW |
| 制造工序 | 简单,只需要 86 道工序,对材料和工艺的要求要比 LCD 减少 1/3,还可以采用喷墨印刷技术制造 | 复杂,需要 200 道工序 |
| 成本 | 低,只需要一块玻璃基板,批量生产后的成本可比 LCD 低 20％以上 | 高,需要两块玻璃基板 |
| 使用温度范围 | −40～+85℃,低温特性极好,可在 −40℃的低温下工作 | 工作温度范围窄,尤其低温特性差 |
| 抗冲击 | 由于为全固体材料,适用于巨大加速度,振动等恶劣环境 | 有液体,有真空封装,有玻璃底板,不能耐振动和冲击 |
| 寿命 | 短,目前约为 5000h(最高可达 25000h),适用于变化快的手机、数码相机、MP3/MP4 等便携设备 | 长,约为 10000～50000h,适用于电视机等耐用家电、计算机等需要长时间开机的设备 |

除了平板显示外,视网膜投影技术也是一种重要的 VR 视觉表现技术。它直接将视频流编码成光束,经由人的瞳孔投射在视网膜上。视网膜投影技术的技术门槛更高,成本也相应更高。视网膜投影技术的优点在于可以模拟大屏显示器效果,可以显示人眼感觉到的任何物体,功率低,体积小。相对于平板显示,视网膜投影技术未来更有希望在增强现实领域

大展身手,如图1.19所示。目前,Avegant Glyph VR 眼镜和 Google Glass 采用了该技术。

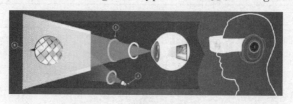

图1.19　视网膜投影技术原理

短期内平面显示技术是主流,但视网膜投射代表未来。平面显示技术已经积累了非常成熟的技术并且拥有规模庞大的生产线,可以把产品成本降到最低。以5英寸面板为例,目前 LCD 面板价格仅有20美元,OLED 由于成品率低(目前70%),价格略高于 LCD。目前HTC、Oculus 等最先进的头盔均采用此技术路径。视网膜投影技术目前还不成熟,成本较高。但随着技术不断进步,视网膜投影技术的成本有望逐步下降。

**2. 信息输出——听觉表现技术**

3D 音效是虚拟现实听觉表现的核心技术。人体的解剖结构决定了我们如何理解听到的声音,人的两只耳朵被头盖骨和大脑隔开,因此左耳和右耳听到声音的时间是不同的。除此之外,声波和听者的物理构造发生互动,外耳、头部、躯干以及周围的空间,由此制造出听者特有的效果,也称作头部相关传输函数。设备模仿大脑的运行,仔细探测这些极小的时间和强度差异,从而对声音进行准确定位,如图1.20所示。

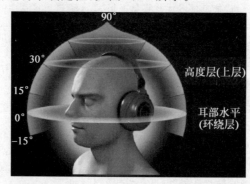

图1.20　3D 音效示意图

目前,主要的 3D 音效技术包括 A3D 技术、EAX、SRS,如表1.4所示。3D 音效增强了虚拟现实效果,当声音和视觉刺激来源的方向高度一致的时候,虚拟现实体验的真实性就能极大地提升。

表1.4　3D 音效技术分类

| 3D 音效技术 | 简　　介 |
| --- | --- |
| A3D | 由 Aureal 推出的一项 3D 音频技术,只利用一组喇叭或耳机,就可以发出逼真的立体音效,定位出环绕使用者身边不同位置的音源。凭借 Aureal 的雄厚实力,A3D 在 3D 音效领域处于霸主地位 |

续表

| 3D 音效技术 | 简　介 |
|---|---|
| EAX | 是创新的子公司 E-mu 为好莱坞开发的音频及效果技术为基础的一种专业音效技术，目前必须依赖于 DirectSound3D 与 OpenAL，所以基本上是用于游戏中 |
| SRS | 由美国 SRS Labs 公司推出的专利音响技术，广泛用于多媒体声卡、音响及家庭影院中。对软件无任何要求，经 SRS 声卡或 SRS 音响放出的声音都极具三维空间感 |

3D 音效正在成为虚拟现实的关键环节之一，Oculus 样机 Crescent Bay 通过头部跟踪功能集成了双立体声技术，索尼的 Morpheus 拥有多个扬声器的音腔，能够实现全 3D 音效模拟。

目前，虚拟现实技术中所采用的听觉感知设备主要有耳机和扬声器两种。3D 音效耳机产品主要有东方酷音信息技术有限公司的 Coolhear V1、Hooke 无线 3D 音效智能耳机、ALTEAM 我听 GM-593 耳机、Sound Labs Neoh 3D 音效耳机等；3D 音效扬声器有 Auro-3D 三维音效系统，如图 1.21 所示。

图 1.21　虚拟现实技术的听觉感知设备

### 3. 信息输入——感官及交互式输入技术

传感器是 VR 设备的核心，VR 对于传感器精度要求高。对于虚拟现实的交互来说，信息输入是最重要的环节之一，传感器是虚拟现实输入设备的核心。传感器是一种监测装置，能够实现对信息的接收、转化和输出。和人类感官类似，光敏传感器、声敏传感器、气敏传感器、化学传感器、压敏传感器分别对应人的视觉、听觉、嗅觉、味觉和触觉。目前一台高性能的虚拟现实头盔需要用到多达十几种传感器，如图 1.22 所示。

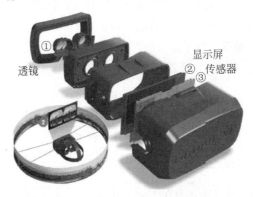

图 1.22　VR 设备中的传感器

目前虚拟现实设备主要用到的传感器包括加速传感器、角速度传感器、磁传感器、接近传感器、环境光传感器、图像传感器、惯性传感器等,如表 1.5 所示。VR 设备用到的传感器在精度要求上也较智能手机更高。

表 1.5　设备主要传感器种类及作用

| 传感器种类 | 作　　用 |
| --- | --- |
| 加速传感器 | 测量移动方向和移动快慢 |
| 角速度传感器 | 测量坡度的旋转角 |
| 磁传感器 | 通过磁场原理来测量物体方向改变 |
| 接近传感器 | 测量位移距离 |
| 环境光传感器 | 测量环境内光线的强弱 |
| 图像传感器 | 将图像转换成电信号 |
| 惯性传感器 | 测量加速度、倾斜、冲击、振动、旋转和多自由度(DoF)运动 |

虚拟现实输入方式主要有感官式输入和交互式输入两种。感官式输入,强调身体的沉浸感,主要任务是检测有关对象的位置和方位,并将位置和方位信息报告给虚拟现实系统。交互式输入,强调功能性,主要靠动作跟踪和按键控制来进行交互。

一个好的虚拟现实输入设备应具备空间沉浸感、稳定、精确、低延时、便利性、舒适性、直觉控制、低价、兼容普适性、操作反馈等要素,如图 1.23 所示。

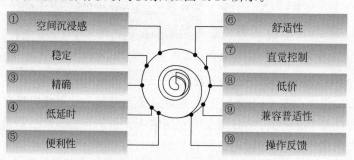

图 1.23　虚拟现实输入设备应该具备的要素

感官式输入主要通过动作捕捉和跟踪来实现。目前,感官式输入方式有两种:

(1) 跟踪头部和眼部位置与方位来确定用户的视点与视线方向;

(2) 跟踪用户肢体的位置和方向。

头部、眼部跟踪方式主要有头部跟踪、眼球跟踪、位置跟踪 3 种,代表产品有 Oculus、FOVE 等,如表 1.6 所示。

表 1.6　头部、眼部、位置跟踪方式代表产品

| 跟　踪　方　式 | 代　表　产　品 |
| --- | --- |
| 头部跟踪 | 3Glass Blubur,蚁视 Cyclop,Oculus Rift CV1,大朋头盔 M2 |
| 眼部跟踪 | FOVE |
| 位置跟踪 | Oculus Rift DK2,HTC Vive Lighthouse,蚁视全息甲板,SONY Project Morpheus |

　　动作捕捉主要用来跟踪用户肢体的位置和方向并将其转化成数字模式。可以应用在动画制作、步态分析、生物力学、人机工程等领域,其特点是便捷、能耗低、成本低,代表产品有 Leap motion、Nimble sense、诺亦腾、Priovr、Control VR、Dexmo、Kinect、Omni 等。交互式输入主要依靠按键控制,主要代表产品有 Stem、Wii、Hydra,如图 1.24 所示。

图 1.24　各类交互式输入设备

### 4. 信息处理——图形数据计算能力

　　图形数据计算能力是 VR 实现效果的关键技术。GPU(图形处理器)是一种专门在 PC、游戏机和一些移动设备上进行图像运算工作的微处理器,是连接显示器和个人计算机主板的重要元件,承担输出显示图形的任务,也是 VR 计算能力的重要体现。目前 GPU 的性能、功耗和售价是制约 VR 设备移动化的最大挑战。未来随着技术进步,GPU 的性能将会不断提升,功耗和价格会不断降低,电池存储容量将会更大,移动便携的虚拟现实设备有望大范围普及。AMD以及 Nvidia 在最新的 GPU 架构中针对 VR 做了专门的优化,虚拟现实系统即将走向成熟。

　　影响 VR 设备用户体验的核心因素是传感器、显示屏和计算能力。VR 体验的最大特点在于沉浸感,主要受清晰度、流畅度、视场角和交互方式等几个指标的影响,只有相关指标达到一定标准时,用户才能获得足够的沉浸感,如图 1.25 所示。4 项指标的参数提升主要依赖于传感器、显示屏和计算能力,这也是考量虚拟现实设备最重要的 3 项因素。

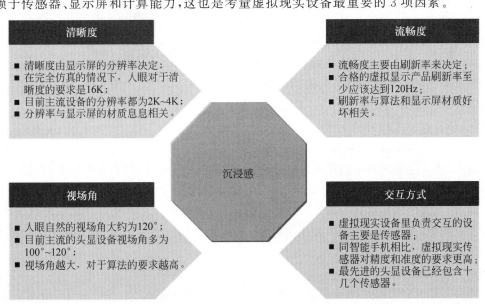

图 1.25　沉浸式 VR 的 4 项指标

## 1.3 混合现实介绍

### 1.3.1 混合现实概念

混合现实(Mixed Reality)的概念最早是由加拿大人 Paul Milgram 和日本人 Fumio Kishino 在论文《混合现实视觉显示的分类》中共同提出来的,文章中提出虚拟现实(VR)技术经常与各种其他环境相关联使用,不一定完全是沉浸式的体验,而是介于真实与虚拟之间的虚拟连续体(Virtuality Continuum)上。这种将"虚拟"与"真实"合并的技术,我们将其统称为混合现实,简称 MR,如图 1.26 所示。

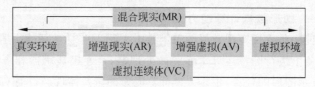

图 1.26　MR 技术

混合现实技术是真实世界与数字世界互相融合的结果,也是人、计算机以及环境之间相互作用不断演化的结果,在过去的几十年中,人们不断探索人与计算机的输入和输出关系,即所谓的人机交互。通常可以通过鼠标、键盘、触摸屏、声音,或者类似 Kinect 这样的体感设备等与计算机进行交互。甚至于随着传感器技术的发展,让计算机能够根据不同类型的传感器输入,对环境进行有效的理解或感知。比如,感知环境的边界、表面、光照、声音,对象的识别和对象的位置等。如图 1.27 所示,表达的就是这种人、环境与计算机之间的相互作用。

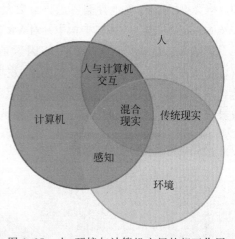

图 1.27　人、环境与计算机之间的相互作用

在今天,总的来说,计算机不但可以接收到人的输入,还可接收到环境的输入。这是混合现实体验的基础,有了这些技术,人们才能将物理世界的信息转换为数字信息。例如,当一台混合现实设备发现真实环境中有一个球在运动时,马上将球的运动状态转换为虚拟的球运动,这里相当于环境对计算机进行了输入,如果没有环境的输入,这种转换是不可能实现的,那么混合现实 MR 和之前介绍的增强现实 AR 和虚拟现实 VR 有哪些区别呢?

#### 1. AR(增强现实)

不具有环境感知能力,仅是将图形叠加于物理世界的视频流上。注意这里的叠加一词,说明 AR 的体验无法让图形与真实环境混合体验,比如不能与真实环境产生互相的遮挡关系。

**2. VR（虚拟现实）**

完全沉浸式的体验，无法知道真实世界发生了什么，或者说，你根本看不到真实世界。

**3. MR（混合现实）**

在 AR 与 VR 中间的状态。由于 MR 是一个中间状态，在其两端，左为物理世界，右为数字世界。如图 1.28 所示，从左到右依次为物理现实、增强现实、虚拟现实、数字现实。这个图谱，又可称为混合现实光谱（Mixed Reality Spectrum）。

图 1.28　混合现实光谱

今天人们能够看到的大多数设备，都是这个图谱上非常小的一部分，目前没有哪一个设备可以具有整个光谱上的体验。但是我们相信，随着时间的推移，技术的进步，MR 设备也将扩展其在图谱中的范围。虽说路漫漫，但我们仍然坚信未来属于 MR。

## 1.3.2　混合现实内容设计

传统的设计师在设计海报、杂志、网站或者 App 界面的过程中，通常会在定义好的框架中（Frame）进行设计，这个框架在大部分情况下都是一个矩形，所有的内容设计都在这个矩形框架内，但用户是在第三个维度阅读这些内容的。内容对用户来说是外在的，但是到了混合现实中，这个框架被消除了，用户本身置身于这些内容之中，用户通过旋转头部或者边走边浏览这些内容。因此设计师在设计时，需要跳出 2D 的思维框架，显然这并不是一件简单的事情。

举个简单的例子。在设计 2D 的 UI 时，将某个 UI 的元素锁定在屏幕的某个角落是非常常见的做法，但是这种 HUD 风格的 UI 在 AR/VR/MR 中的体验并不自然，会让用户感觉眼镜上好像有一粒灰尘挥之不去。在混合现实的内容设计中，让内容与用户眼睛保持一个固定的距离，才能带来更好的体验，如图 1.29 所示。

在为 2D 媒体设计内容时，人们关心的是鼠标、键盘、触摸屏等输入方式，但是在 MR 空间中，身体成为了输入的接口，用户有了更加丰富自然的输入方式，比如凝视（Gaze）、6-DoF 控制器、手势输入、语音输入、数据手套等，它们能够更直观和直接地与虚拟对象进行连接，如图 1.30 所示。

在设计 2D 内容时，前期可能只需要简单地画一些草图即可，但是在混合现实空间中，仅有草图是不够的，需要勾画出整个场景，以便更好地想象用户和虚拟对象之间的位置关系，因此需要用到 Cinema 4D 或 Maya 等三维建模软件，这些软件能帮助设计师更好地描绘三维场景。然而这些软件目前都是运行在 2D 的计算机屏幕上的，并不能很好地让设计师超越传统的 2D 世界，因此，微软的设计师团队鼓励大家与真实世界中的道具进行互动，并

(a) 用户在固定状态下访问MR内容

(b) 用户在移动状态下访问MR内容

图 1.29　用户眼睛与内容保持固定距离

使用一些简单、廉价的材料,制作一些物理道具来表示数字对象,这种技术被称为身体风暴(bodystorming)。如图 1.31 所示,就是微软的设计师们正在进行身体风暴的场景。

凝视

手势

声音

图 1.30　多种信息输入方式

图 1.31　虚拟现实的身体风暴

## 1.3.3　混合现实中的交互设计

当在混合现实世界中进行交互设计时,要时刻牢记用户的视角是在真实世界和虚拟世界中进行移动的,用户的视角就是虚拟世界中的相机(Camera)。

在正式开始之前,需要提出一些问题:

(1) 用户在体验时是坐着、站着还是在边走边体验?

(2) 虚拟内容是如何调整和摆放到不同位置的?

（3）用户可以调整内容的位置吗？

（4）用户在使用过程中生理上是不是舒服？

这些问题应该在设计之前就要考虑到，以避免出现下面的情况：

（1）不要摇动相机或故意锁定相机到3自由度（只有方向，没有位移），这样做会让用户感到不舒服；

（2）不要有剧烈突兀的运动，如果要让内容靠近或者远离用户，那么应该让内容平滑缓慢地进行移动，这样会提高用户的舒适度；

（3）不要加速或转动用户的相机（相机的运动应该由用户头部自己控制），用户对速度和位移都很敏感。

站在用户的视角去设计混合现实的内容时，用户通过头戴式眼镜看到混合现实世界，与用户观察真实世界类似，他在一个时刻只能看到视线正前方大约不到120°的扇形区域（目前大部分设备达不到这个视场角），那么如何引导用户去发现超出其视图的重要内容和事件呢？在2D屏幕上操作时，可以通过单击屏幕上固定的按钮、菜单等进行触发，然后调出相应的内容显示在屏幕上，但是在前面已经说过这种设计会让用户感到不舒服，在混合现实设计中，应当采用箭头、空间音效以及语音提示等引导用户发现其视角以外的内容。在HoloLens中，应用主菜单页面会一直跟随用户的视角进行移动，这种跟随有稍许延迟，并伴随平滑的缓动效果，以达到最大的舒适度。

## 1.3.4 混合现实体验舒适度

前面多次提到了关于用户舒适度的问题，本节重点讨论哪些因素会影响舒适度，有哪些措施可以提高用户体验时的舒适度。在以自然方式观看世界的时候，人类的视觉系统依靠多种信息来源来解释3D物体的形状和相对位置，这些信息来源有些是单眼的，比如线性透视、大小、遮挡、景深模糊，而有些是基于双目视觉的，比如聚焦（两只眼镜同时旋转锁定物体）和双目视差。为了确保头戴设备的最大舒适度，设计者和开发人员应当模仿这种自然观察的过程，设计出尽量符合人类视觉系统规律的内容，除了视觉上的舒适度以外，还应考虑到用户其他部位的舒适度，比如不要让用户在使用过程中感到颈部或手臂的疲劳。

### 1. 视觉辐辏调节冲突（Vergence-accommodation Conflict）

为了清楚地观察物体，人们会调整眼球进行聚焦。如果物体较近，眼睛会聚焦于近处；如果物体较远，眼睛会聚焦于远处，如图1.32和图1.33所示，这种机制叫作Accommodation（调节），日常生活中经常使用的相机也是相同的工作原理。

Vergence表示瞳孔的聚散度，当物体离眼睛越近时，两只眼睛的瞳孔会靠拢；物体离眼睛越远时，两只眼睛的瞳孔会远离，如图1.34和图1.35所示。

观察真实世界时，Accommodation与Vergence之间有很好的配合，从而达到最大的舒适度，但是对于目前大部分头戴式眼镜来说，要观察到清晰的图像，用户就必须适应头戴式眼镜的焦距。但是观察虚拟世界中的物体时，由于物体的远近不同，瞳孔会不断变化，这样

图1.32 眼睛聚焦于近景,则远景模糊　　　　图1.33 眼睛聚焦于远景,则近景模糊

图1.34 瞳孔靠拢　　　　　　　　图1.35 瞳孔远离

就打破了 Vergence 和 Accommodation 之间的平衡,让用户感到不适。研究发现,让虚拟物体显示在距离用户 2m 左右的距离是最感舒适的状态,图1.36表示距离与舒适度的关系,以供设计师进行参考。

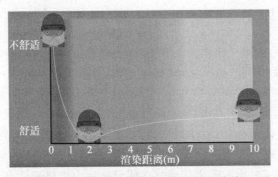

图1.36 舒适度与渲染距离之间的关系

虚拟物体放置在1.25～5m是比较舒适的位置,当虚拟物体的位置靠近用户 1m 以内时,应该要小心了,这个距离可能会让用户不适。通常情况下可以在引擎中设置,在某个距离进行裁剪,在如图1.36所示的曲线中可以看到,物体越靠近用户,舒适度会呈指数下降。另外,在 Z 轴上移动的物体容易打破 Vergence 和 Accommodation 之间的平衡而产生不适感,因此应尽量避免这种在深度上的移动。

每一个 VR 设备的焦距不同,其舒适区的范围会有一些变化,一般焦距为1.25～5m,因此尽量让渲染的物体保持在1m以上的距离进行体验,如图1.37所示。

**2. 移动**

在混合现实或虚拟现实世界中,世界是无限大的,人们可以移动到无限的空间中。然

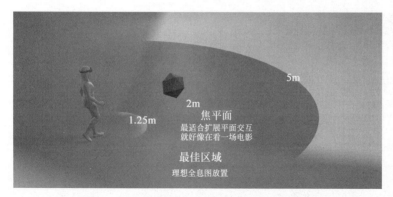

图 1.37  渲染物体与 VR 设备较佳体验距离

而,在虚拟世界中的运动如果是持续的视角变化,会产生非常强的晕动症,这种晕动症产生的缘由是视觉上的移动与静止的身体产生了冲突,用户眼睛看到的是自己的运动,但是用户的身体位置没有变化,因此应该避免这种持续的视角移动。另外,人类对于重力非常敏感,在开发过程中除非有特殊要求,否则尽量不要有垂直运动。

在设计用户移动的时候,设计师和开发者可以参考以下建议:

(1)让用户控制移动,避免强制移动用户的相机,用户要事先对自身视角的移动有预期;

(2)避免非用户自己发起的垂直方向的运动;

(3)使用瞬移的方式,让用户选择一个移动目标点,选择后屏幕渲染淡入淡出的效果。

**3. 渲染率**

为了让虚拟物体看起来与真实物体接近,稳定地出现在某个位置并且拥有平滑的动画效果,渲染的刷新率是非常重要的。在 HoloLens 中,要求至少拥有 60FPS 的刷新率,在某些 VR 设备中,甚至要求 90FPS 以上的刷新率,过低的刷新率会导致抖动的出现或者图像重影,这会激发用户出现晕动症状。因此,努力让虚拟物体以 60FPS 以上的刷新率进行渲染,有助于提高体验时的舒适度。

**4. 凝视**

头戴式眼镜中的凝视触发操作是非常常用的一种交互方法,不好的设计会引起用户眼睛和颈部不适,图 1.38 表示了用户在凝视操作时的最佳角度。

从图 1.38 中可以看出,在用户视线水平线以下 0～35°是最舒适的凝视方向,因此应当避免内容出现在这个区域以外,以防引起用户的不适。

## 1.3.5  混合现实内容设计的视觉表现

**1. 颜色、光线和材质**

为混合现实设计内容时,需要认真考虑将要使用的颜色、材质和光照,不管是考虑美学上的效果(例如,用光合材质来调节沉浸式体验场景的色调),还是功能上的目的(例如,用醒目的颜色提醒用户即将发生的动作),这些都必须根据目标设备的特点来权衡使用。

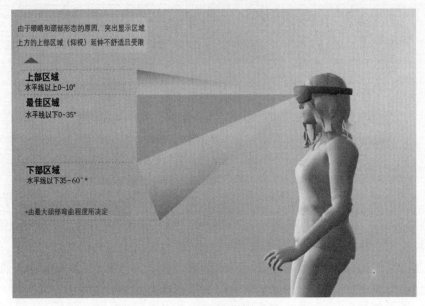

由于眼睛和颈部形态的原因，突出显示区域
上方的上部区域（仰视）延伸不舒适且受限

**上部区域**
水平线以上0~10°

**最佳区域**
水平线以下0~35°

**下部区域**
水平线以下35~60°*

*由最大颈部弯曲程度所决定

图 1.38　用户在凝视操作时的最佳角度

与全息设备 HoloLens 中呈现的内容相比，在沉浸式设备中（VR 设备）呈现的内容在视觉上看起来会有所不同。虽然 HoloLens 中呈现的内容可以在模拟器、截图、录频和 Spectator view（HoloLens 中的旁观者视图方案）中查看，但是创建的内容其实是专门针对 HoloLens 全息设备使用的。因此，设计者和开发者一定要尽量在真机上进行测试，在测试过程中，需要从各个方向（包括上方和下方）观察内容的呈现效果，例如，照明、材质等。同时需要在设备的一系列不同亮度设置下进行测试，以确认画面效果，因为每个用户对设备的亮度设置和环境的光照条件不一定完全相同。全息设备上渲染的基础知识有以下几点。

1）全息设备具有叠加显示

叠加显示即通常所说的叠加模式，在叠加显示方式下，白色将显得明亮，而黑色将显得透明。

2）颜色的影响因用户的环境而异

由于使用环境不同，所以创建高对比度的界面会更便于用户辨认阅读。

3）避免动态光照

在全息体验中静态光照的全息图是最稳定的，而动态光照可能会超出当前着色器（Shader）的功能。

4）颜色显示的差异

由于叠加显示的性质，某些颜色在混合现实设备上可能会与平面显示时不同。某些颜色会很明亮，而其他颜色则会显得不那么明显。

5）颜色挑选的考虑因素

在设计中，冷色调倾向于退回到背景中，而暖色调则跳到前景。所以在挑选颜色时需要考虑以下因素。

（1）色域。HoloLens 受益于"宽色域"的颜色，概念上类似于 Adobe RGB，也就是说，一些颜色会在设备中表现出不同的质量。

（2）伽马。渲染图像的亮度和对比度在沉浸式和全息设备之间会有所不同。这些设备的差异通常会造成颜色和阴影的暗区，进而产生某种程度上的亮度差异。

（3）颜色分离。当用户用眼睛跟踪物体时，颜色分离最常发生在移动全息图（例如，光标）上。

（4）颜色均匀性。为了与实际背景相区分，全息图的颜色应当比较明亮，以便保持颜色的均匀性。

（5）渲染浅色。大面积明亮区域可能会导致用户视觉不适，所以应谨慎使用亮度最高的白色。为了给颜色设计留有余地，通常使用"R 235 G 235 B 235"附近的白色值。

（6）渲染深色。由于叠加显示的性质，深色显得透明。可以参照图 1.39，试着给出物体"黑色"的外观，使用一个深灰色的 RGB 值，例如，"16,16,16"。

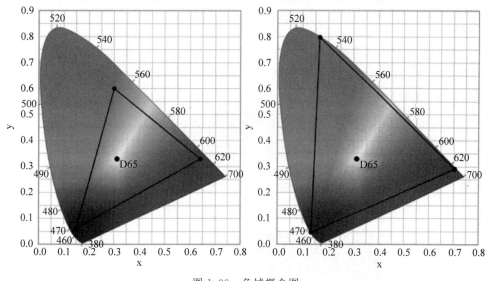

图 1.39 色域概念图

（7）渐变。使材料变暗的"渐变"效果可以帮助用户将注意力集中在视野的中心。这种效果会使用户的凝视向量在某个半径处使全息图的材质变暗。这里可以应用在用户从倾斜或掠射角度观察全息图的场景中。

（8）重点。通过对比颜色、亮度和光线来吸引对象或交互点的注意，如图 1.40 所示。

（9）锯齿。全息图几何边缘与现实世界相交的地方会产生锯齿状或阶梯状，使用具有高细节的纹理会加剧这种效果，应该在引擎中开启 filter 选项，以及考虑淡化全息图的边缘，或在全息物体周围添加一圈黑色的边界纹理。另外，应尽可能避免设计很薄的全息物体，很薄的全息物体会有很明显的锯齿。

（10）Alpha通道。对于未渲染全息图的任何部分，必须将Alpha通道清除至完全透明。

（11）纹理柔化。由于全息物体是设备向全息屏上添加了光（类似于投影），因此最好避免使用明亮、纯色的大区域，因为它们通常不会产生预期的视觉效果。

### 2. 排版与字体

文本是在用户应用体验中提供信息的重要元素。就像在2D屏幕上排版一样，目标是清晰可读。在混合现实的三维设计中，字体和排版会在很大程度上影响整体的用户体验，如图1.41所示。

图1.40　颜色、亮度与光线对交互点的影响　　　图1.41　混合现实文字排版

当设计全息内容的文字时，可能会倾向于创建3D字体，但是实际上这种建模的字体往往会降低文本的可读性，因此除了在少数场景使用3D文本（比如，标语、Logo等）外，大部分情况下还是建议使用可读性更好的2D文本，如图1.42所示。

图1.42　混合现实中使用2D文本排版

混合现实中的排版规则与物理世界一样，不论物理世界还是虚拟世界中的文本都需要清晰易读。文本可以在墙上或叠加在物理对象上，与用户界面一起浮动。

#### 1）创建清晰的层次结构

在信息传达上，需要使用不同的类型、大小和权重来构建对比度和层次结构，这样可以提高界面信息的显示效果。

2) 字体限制

与传统排版相同,需要避免在单个上下文中使用两个以上不同的字体系列,否则会破坏用户体验的和谐性和一致性,并使信息的获取变得更加困难。在 HoloLens 中,由于信息覆盖在物理对象之上,因此使用太多的字体样式也会降低体验。

推荐使用 Segoe UI 字体,这是微软公司诸多新产品的用户界面中常用的字体,它在 Windows Mixed Reality Shell 中也有使用。

3) 避免使用瘦字体

对于 42pt 以下的类型尺寸,要避免使用浅色或半暗的字体粗细,因为细的垂直笔画会随界面变化振动并降低易读性,如果使用具有足够行距和厚度的现代字体,那么效果会很好。例如,Helvetica 和 Arial 字体在使用常规或粗体的 HoloLens 中会非常清晰。

4) 颜色

在 HoloLens 中,由于全息图是向环境中增加了光线,因此白色文本非常清晰。可以在"开始"菜单和应用栏中找到白色文本的示例。尽管白色文本在 HoloLens 没有背景的情况下显示效果很好,但复杂的物理背景可能使其变得难以辨认和阅读。所以为了吸引用户的注意并尽量减少对物理背景的干扰,建议在深色或彩色背景板上使用白色文字,如图 1.43 所示。

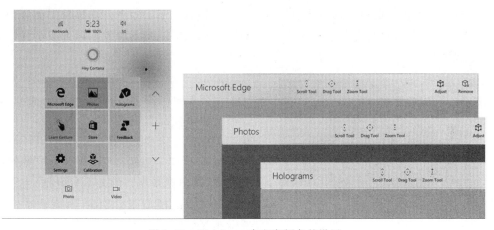

图 1.43 HoloLens 中文字颜色的设置

如图 1.44 所示是一个非常典型的例子,要使用深色文本,应该使用明亮的背景使其显示。由于在显色系统中,黑色显示为透明。这意味着如果没有彩色背景,用户将无法看到黑色文本。

5) 2m 是显示文本的最佳距离

由于混合现实涉及三维深度,因此字体需要有距离感。为了方便用户,2m 是放置全息图的最佳距离,如图 1.45 所示。一般来说,在 PC 或平板设备上使用的打字尺寸通常为 12~32pt,而在全息环境下,为了字体显示时没有毛边,建议 2m 处的最小字号是 30pt。可以使用此标准作为查找最佳字体大小的基础。

图 1.44  推荐的文本颜色与背景的对比

图 1.45  文本与 VR 设备之间的最佳距离

### 3. 对象和环境的尺寸

全息内容呈现效果更逼真的关键是尽可能模仿现实视觉系统,所以需要结合与参照物的比例调整全息物体的大小,与实际物体的大小对比一直被视为混合现实的关键之一,这也是与传统显示媒介(报纸、电视、计算机等)的重要区别。

如何确定对象和环境的规模?有许多方法可以确定物体的比例,其中一些可能会对其他感知因素产生影响。关键的一点是——如何简单地以"实际"尺寸显示对象。

1) 利用物体呈现给用户时的距离

一种常见的方法是利用物体呈现给用户时的距离。例如,考虑在用户面前通过可视化的方式呈现大型家用汽车。如果汽车直接位于用户的前方,那么它会因太大而无法放入用户的视野中。这将要求用户移动他们的头部和身体以理解整个对象。如果汽车被放置得更远,则用户可以通过在其视野中看到整个物体来建立比例感,然后将它们移近以更详细地检查各个区域。

图 1.46  全息汽车模型的应用

Volvo(沃尔沃)使用这种技术为新车创造了一个体验陈列室,利用全息汽车的模型,让用户感觉更真实和直观,如图 1.46 所示。体验从桌面上的汽车全息图开始,让用户了解模型的总尺寸和形状。之后,汽车模型会扩展到更大的规模(超出设备视野的大小),但是,由于用户已经从较小的模型获得了参考,因此他们可以充分地了解汽车的特征。

2) 使用全息图来修改用户的真实空间

用环境替换现有的墙壁或天花板或附加"洞"或"窗户",允许超大尺寸的物体看似"突破"物理空间。例如,一棵大树可能不适合大多数用户所在的房间,但是通过在天花板上放置虚拟天空,物理空间会扩展到虚拟空间。这允许用户在虚拟树的周围走动,并且收集它在现实生活中的显示方式的尺度感,然后抬头会看到它已经远远超出房间的物理空间。

*Minecraft*(游戏:我的世界)使用类似的技术开发了概念版游戏体验。通过向房间中的物理表面添加虚拟窗口,房间中的现有对象被放置在更大的环境中,超出了房间的物理规模限制,如图 1.47 所示。有的时候设计师已经在尝试修改比例时(也就是改变对象显示的

"实际"尺寸），同时保持对象的实际位置，以使对象能够接近或远离观察者而没有任何实际移动。

通过这样的方式可以在体验中创建一些效果：

图 1.47　从房间内部观察外部环境

（1）当表示某个观察者已知尺寸的虚拟对象时，在不改变位置的情况下改变比例会导致视觉提示相互冲突。由于视觉变化，眼睛仍然可以在某个深度"看到"对象，但对象可能越来越近。造成的效果则是由于不断产生的深度提示，用户虽然看到对象仍旧留在原地，但会迅速变大。

（2）在某些情况下，尺度的变化被视为一种"隐约"的暗示，"例如"，可能会看到物体改变了原本的大小，或者物体看起来似乎在朝着用户的眼睛移动。

（3）对于现实世界中的比较表面，这种缩放变化有时被视为沿多个轴而改变位置，对象可能看起来下降而不是靠近移动（在某些情况下类似于 3D 运动的 2D 投影）。

（4）对于没有已知"真实世界"大小的对象（例如，具有任意大小或 UI 元素等的任意形状），改变比例可以在功能上作为模仿距离变化的方式。这里需要提醒大家，由于用户观看时没有那么多预先存在的可以用于理解对象的真实大小或位置的提示，因此需要将比例处理为更重要的提示条件。

# 1.4　虚拟现实硬件设备介绍

VR 眼镜的原理和人的眼睛类似，两个透镜相当于两只眼睛，但远没有人眼"智能"。VR 眼镜一般都是将内容分屏，通过镜片实现叠加成像。VR 头显设备可分为 3 类，分别是PC 端头显设备、一体式头显设备和移动端头显设备。

## 1.4.1　PC 端头显设备

PC 端头显设备的用户体验感较好，具备独立屏幕，产品结构复杂，技术含量较高，不过某些部分受到数据线的束缚，无法自由活动，PC 端 VR 头显有 HTC Vive、Oculus Rift、PlayStation VR、Windows VR，如图 1.48 所示。

图 1.48　PC 端 VR 头显设备

## 1. HTC Vive

HTC Vive是由HTC与Valve联合开发的一款VR头显产品,于2015年3月在MWC2015上发布。由于有Valve的SteamVR提供的技术支持,因此在Steam平台上已经可以体验利用Vive功能的虚拟现实游戏。HTC Vive通过3个部分致力于给使用者提供沉浸式体验,一个头戴式显示器、两个单手持控制器以及一个能于空间内同时跟踪显示器与控制器的定位系统,如图1.49所示。

HTC Vive头显在市场上也是比较受大众欢迎的,目前官方已经发布了无线套装,可以不受长线缠身的束缚了,这是很棒的体验。在分辨率方面,新的HTC Vive头显还是有很大提升空间的,在人体工程学设计等方面产品也有极大的提升,通过两台定位器可在很大范围内进行操作。

## 2. Oculus

Oculus成立于2012年,当年Oculus登录美国众筹网站Kickstarter,总共筹资近250万美元。2013年6月,Oculus宣布完成A轮1600万美元融资,由经纬创投领投。

Facebook在2014年7月宣布以20亿美元的价格收购Oculus,这被外界视为Facebook为未来买单的举措。在Facebook看来,Oculus的技术开辟了全新的体验和可能性,不仅在游戏领域,还在生活、教育、医疗等诸多领域拥有广阔的想象空间。Oculus标准套件搭配了一个头显设备和两个单手持控制器,如图1.50所示。

图1.49　HTC Vive头显设备　　　　　　图1.50　Oculus头显设备

## 3. PlayStation VR

PlayStation VR(PSVR)是索尼互动娱乐研发的虚拟实境头戴式显示器,自2016年10月13日开始发售。本机是索尼专门为PlayStation 4电视游戏主机制作的设备,因此需要有PlayStation 4进行图像运算和输出才能使用。此外,一般的PlayStation VR游戏还需要DualShock 4或PlayStation Move控制器以及PlayStation Camera等配件。

这款VR设备包配备有两个移动控制器、一个摄像头和Skyrim VR游戏库,如图1.51所示。值得注意的是,PlayStation VR捆绑包经常升级换代,但新产品与旧产品的唯一区别就是特色游戏有所改变。

## 4. 惠普VR

微软作为一家科技巨头公司,其实一直都对虚拟现实行业有着浓厚的兴趣。2016年,微软就曾表示将会有多家PC厂商推出基于Windows 10平台的VR头显设备。

惠普VR眼镜就是微软主导的这一批VR新品中的成员之一。惠普VR头显最主流的造型是内置屏幕的头显,加上两个控制器,如图1.52所示。惠普VR视场角为90°和100°,

具体视 PC 的性能而定。相比之下，HTC Vive 视场角是 110°。惠普 VR 控制器的重量比 HTC Vive 轻不少，长时间使用不会累，玩 *The Lab* 的射箭小游戏时能明显感受到差别。它使用的是两节 5 号电池，可以使用两小时左右。惠普的 VR 头显设备安装过程简便，不需要其他配件。

图 1.51　PlayStation VR 头显设备

图 1.52　惠普 VR 头显设备

## 1.4.2　一体式头显设备

一体式头显设备也叫 VR 一体机，无须借助任何输入/输出设备就可以在虚拟的世界里尽情感受 3D 立体感带来的视觉冲击，使用方便，如 Vive Focus、酷开一体机、大朋 VR、小米 VR、Pico 6DoF 一体机，如图 1.53 所示。

图 1.53　一体式 VR 头显设备

### 1. Vive Focus

2017 年 11 月，HTC 正式发布注入诸多心血的 VR 一体机 Vive Focus。不仅改进了 HTC Vive 备受诟病的佩戴方案，还搭载了实现 Inside-out 定位的 World-Scale 6DoF 大空间跟踪技术；同时搭载了高通骁龙 835 芯片，还拥有 2880×1600px 分辨率、75Hz 刷新率的 AMOLED 屏幕，110°视场角（FOV），支持 6DoF 跟踪定位。由此可以判断，Vive Focus 一定是一款有不错体验的设备，如图 1.54 所示。

### 2. 酷开一体机

2016 年 10 月 18 日，创维旗下的互联网电视品牌酷开在北京举行发布会，正式推出了两款 VR 一体机产品——随意门 G1 和 G1s，如图 1.55 所示。酷开 VR 采用了分辨率 410 万像素、像素密度 700dpi 的 Sharp 2.89 英寸双显示屏、高通骁龙 820/821 处理器，镜片上拥有同步双独光学系统，两个独立全封闭的镜桶设计，在最大程度上解决了色散、重影、畸变等问题。针对业界一直担心的眩晕问题，酷开的这款 VR 产品内部拥有着 9 轴传感器和

图 1.54　Vive Focus 一体式头显设备

图 1.55　酷开一体机头显设备

Qualcomm GPU Adreno 530,可使用户看见的运动画面更符合人体在自然界中看到的状态,长时间佩戴也不会有任何不适。

**3. 大朋 VR**

大朋 M2 Pro 采用的是全球首款 14nm 制程工艺——三星 Exynso 7420 处理器,3GB 超大运行内存和 32GB 默认存储空间,支持最大 128GB 扩展存储空间,屏幕采用了三星的 AMOLED 屏幕,分辨率是 2.5K,如图 1.56 所示。三星家的 AMOLED 屏幕清晰度更高,色彩更鲜艳,同时屏幕延迟也很低。延迟也是 VR 设备中一个很重要的参数,延迟过高会导致眩晕,很影响体验。较好的 VR 头盔都会把延迟控制到 20ms 以内,而大朋则把延迟做到了 15ms,流畅度还是很值得认可的。

**4. 小米 VR**

小米 VR 一体机采用定制 Fast-Switch 2K 超清屏,最高可支持 72Hz 刷新率,改善了画面闪烁问题,使视觉体验更流畅,同时减少了拖影、延时等现象。更重要的是,它搭载 Oculus 特殊调制衍射光学系统,整个光学系统和屏幕互相配合,可大幅降低眩光效应,提升视场角。在核心配置上,小米 VR 一体机超级玩家版搭载骁龙 821 处理器,加上多项软件优化算法,实现了低眩晕、低卡顿、超流畅的 VR 沉浸感。同时铝合金前盖配合强力的 U 形管散热系统,持续释放处理器潜力。

小米 VR 外观和 Oculus Go 风格基本上是一致的,小米头显是以白色和银色相结合,简约而沉稳,如图 1.57 所示。不同之处就是将 Logo 更换为 MI,并将头显的模型根据东方人的头形及脸部特征进行了调整,佩戴起来更加舒适。

图 1.56　大朋 VR 头显设备　　　　图 1.57　小米 VR 头显设备

**5. Pico Neo 一体机**

Pico Neo 机身大部分采用了白色的 PU 仿布材料,与传统的塑料相比外观更加漂亮,散热性能也提高了不少。并且 Pico 给我们带来一款头部+手部双 6DoF(六自由度)VR 一体机,包括一个 6DoF 头盔、两个 6DoF 手柄,尺寸和手掌大小差不多,如图 1.58 所示。

Pico Neo 采用了更高分辨率的屏幕(3K 屏),其刷新率为 90Hz,视场角为 101°,单眼分辨率为 1440×1600px。另外,搭载骁龙 835 芯片,比起之前版本的 Pico 在性能上有了很大提升。在佩戴上,对比 Vive Focus、Pico 小怪兽可以说是一样便捷,Neo 在舒适度和机身重力分布设计上更注重细节,之前 Pico 小怪兽版本只是简单的绑带设计。佩戴 Vive Focus 很明显能感受到重力集中在脸颊,每次体验过后能看到脸颊部位有明显的压痕,而 Neo 主要分布在环形头带四周,避免了脸部受到压力,可以支持长时间体验。

## 1.4.3  移动端头显设备

移动端头显设备结构简单、价格低廉,使用时只要放入手机即可观看,使用方便,如空之翼 VR 眼镜。移动端头显设备最早、最具有代表性的设备是 Google Cardboard。

Google Cardboard 是一个以透镜、磁铁、魔鬼毡以及橡皮筋组合而成,可折叠的智能手机头戴式显示器,提供虚拟实境体验,如图 1.59 所示。Cardboard 对戴眼镜的用户同样可提供良好的体验。既可以戴着眼镜使用这个 3D 纸板眼镜,也可以摘下眼镜直接观看内容,双眼同样可以清晰对焦。相对于 Google Glass 等 VR 设备需要单独搭配近视版或者隐形眼镜,Cardboard 这一点显得格外人性化。

图 1.58  Pico Neo 一体机头显设备    图 1.59  移动端头显设备 Google Cardboard

VR 设备被认为是继手机之后的新一代计算平台,炫酷的体验、广泛的应用场景,赋予它无限的发展空间。受相关技术制约,VR 设备性能尚不完善,内容也乏善可陈,但这并不影响一部分科技爱好者、行业先行者对它的追求。面对市场上琳琅满目的产品,如何选择一款高性能的 VR 产品呢?影响 PC VR 设备体验的参数可分为三大类:佩戴、显示和交互。

**1. 佩戴参数**

影响佩戴舒适性的参数有许多,重量和佩戴方式,贴面部位的材质是其中比较重要的因素。主流的 PC VR 头显设备重量为 350~700g,属于可接受范围,但不宜长时间佩戴。

常见的佩戴方式大多类似 HTC Vive 或 PS VR。HTC Vive 的头戴方案虽然不会给头显增加太多额外的重量,但在佩戴时较为复杂,且头显重量的分配并没有得到改善,用户仍然会感觉到额头位置明显的压力。而类似PS VR的头戴方案虽然佩戴简单,且能够将头显的重量做出较好的分配,但增加了头显整体的重量。综合来说,这两种方式没有明显的优劣之分。

**2. 显示参数**

1) 屏幕材质

目前被用于VR设备显示屏材质主要有OLED、AMOLED、LCD,其中OLED和AMOLED属于低余晖显示屏,其他方面性能各有优势,OLED是应用最广的显示屏,LCD屏幕虽然可以做到更高的分辨率,但在色彩表现力和余晖等问题上稍逊于另外两者。

2) 分辨率

说到VR的分辨率,就不得不先解释一下为什么会有"纱窗效应"。首先,屏幕分配到每只眼睛的像素其实仅有总像素点的一半。其次,VR头显的屏幕离眼睛距离比较近,所以视野中每单位面积能看到的像素点就更少了,这两个因素结合起来就会形成"纱窗效应"。要将纱窗效应降低到人眼比较难察觉的水平,至少需要4K分辨率的屏幕。

预测VR头显需要16K的分辨率才能消除纱窗效应。对于一般人来讲,单眼的水平视场角为120°,垂直视角为130°,在这块小小的区域上人眼的像素极限是1.16亿像素,与16K分辨率的规格(15360×8640约为1.32亿像素)最为接近。然而16K屏幕还不能做得无限大,在像素密度方面至少要达到视网膜屏幕水平。由于VR头显在使用时屏幕距离人眼非常近,加上透镜的作用实际成像距离极小,换算过来的话,屏幕像素密度起码要超过2000ppi。在三大PC VR头显中,该项参数最高的HTC Vive(310ppi)是唯一超过300ppi的VR头显,即使是最新的HTC Vive Pro,其ppi也只有615。

3) 延迟时间

人类生物研究表明,人类头部运动和视野回传的延迟必须低于20ms,否则将产生视觉拖影感,从而导致强烈的眩晕感。在进行VR体验时,影响设备延迟的因素有很多,但至少这几步是免不了的:用户视角改变→传感器采集数据→将数据输入主机处理→程序根据输入更新逻辑→提交数据并发送到显卡渲染图像→完成的图形结果传送到屏幕→屏幕像素进行颜色切换→用户看到画面变化,而这一大串的基本步骤都必须在20ms之内完成。

4) 视场角(FOV)

简单来说,视场角就是显示器边缘与观察点(眼睛)连线的夹角。正常来说,人们两只眼睛的总视场(即双目FOV)有近200°,中间部分大概有120°是双眼视觉区域,两侧各40°是单眼视觉区域。原理上视场角越接近人裸眼视场角越好。为了得到更宽广的视场,需要缩短与透镜间的距离,或增加透镜的大小。但这又将带来诸多其他弊端。为了达到最佳的显像效果,在视场角和这一系列的弊端之间找到一个平衡点,VR业内普遍认为,头戴式显示器的最佳视场角是120°。强调最佳视场角,是因为视场角会影响VR设备的沉浸感,只有视场角与设备相匹配时,才能有最佳的沉浸感。

5）刷新率

简单地说，刷新率就是屏幕每秒画面被刷新的次数。刷新率越高，所显示的画面稳定性就越好。60Hz 的意思就是显示器每秒刷新 60 次。假设你看的是一个场景，那么你戴上设备一定会四处去看，哪怕场景是静态的，就是一处风景，但是头部运动的时候画面就会动，这个时候如果刷新频率跟不上，就会出现拖影问题，进而产生眩晕感。从理论上说，刷新率当然是越高越好，不过在光线充足的情况下，一般 60Hz 以上人眼就很难区分了。但是这仅仅是在静态效果上的数据，人类眼球随时随地都有可能转动，画面也可能在高速变化，理想要求是达到 240Hz。而且刷新率对于延迟问题的处理也至关重要，为了省出足够的时间给其他步骤执行，目前 VR 头显设备大都以 90Hz 作为合格线。

6）跟踪定位

在目前的消费级 PC VR 设备中，HTC Vive、Oculus Rift、PS VR 头显设备和部分国产 PC VR 头显设备均具备跟踪定位功能，如图 1.60 所示。但也有一些 PC VR 头显设备则不具备配套的跟踪定位功能。

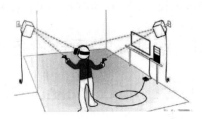

图 1.60　基于基站的跟踪定位

PC VR 头显设备常见的跟踪定位技术主要有 3 种，分别是激光定位技术、可见光定位技术和红外光学定位技术。

（1）激光定位技术。HTC 的 Lighthouse 室内定位技术属于激光扫描定位技术，靠激光和光敏传感器来确定运动物体的位置。两个激光发射器被安置在对角，形成大小可调的长方形区域。激光束由发射器中的两排固定 LED 灯发出，每秒 6 次。每个激光发射器内有两个扫描模块，分别在水平和垂直方向轮流对定位空间发射激光以扫描定位空间。

HTC Vive 头显和手柄上有超过 70 个光敏传感器。通过计算接收激光的时间来计算传感器相对于激光发射器的准确位置，通过多个光敏传感器可以探测出头显的位置及方向。这里需要说明一下，HTC Vive 采用的是激光定位技术，定位过程中光敏传感器的 ID 会随着它接收到的数据同时传给计算单元，也就是说，计算单元可以直接区分不同的光敏传感器，从而根据每个光敏传感器在头显和手柄上的位置以及其他信息一起最终构建头显及手柄的三维模型。

（2）可见光定位技术。PS VR 采用的是可见光主动式光学定位技术。PlayStation VR 设备采用体感摄像头和与 PS Move 类似的彩色发光物体跟踪，去定位人头部和控制器的位置。头显和手柄上会放置 LED 灯球，每个手柄以及头显上各装配一个。这些 LED 光球可以自行发光，且不同光球所发的光颜色不同，这样在摄像头拍摄时，光球与背景环境、各个光球之间都可以很好地区分。但是由于 PlayStation 的抗遮挡性较差，一旦多个人使用互相发生遮挡，定位马上就会受到影响。而且由于双目摄像头的有效范围有限，所以 PlayStation 的移动式受限，只能在摄像头可用范围内活动，基本上只能坐在计算机前使用。虽然 PlayStation 4 目前采用了双目摄像头，但是由于依然采用可见光定位，所以很容易受到背景颜色的影响。

（3）红外光学定位技术。Oculus Rift 采用的是主动式光学定位技术。Oculus Rift 设备上会隐藏着一些红外灯(即为标记点),这些红外灯可以向外发射红外光,并用两台红外摄像机实时拍摄。获得红外图像后,将两台摄像机从不同角度采集到的图像传输到计算单元中,再通过视觉算法过滤掉无用的信息,从而获得红外灯的位置。再利用PnP算法,即利用4个不共面的红外灯在设备上的位置信息、4个点获得的图像信息就可最终将设备纳入摄像头坐标系,拟合出设备的三维模型,并以此来实时监控玩家的头部、手部运动。

### 3. 交互

根据人类的自然交互方式,VR输入技术主要有两大类:动作输入和声音输入。从目前行业的整体发展状况来看,主要是动作输入,声音目前在输出设备方面比较多(如全景声耳机、音响等)。目前动作输入的设备有传统手柄、VR手柄、VR手套,采用计算机视觉技术的手势输入设备、全身动作捕捉、眼控技术、脚部输入等。

## 1.5 增强现实硬件设备介绍

### 1.5.1 微软 HoloLens 智能眼镜

2019年2月25日凌晨,在MWC 2019开展前夕,微软正式发布了HoloLens 2,如图1.61所示。相对一代的HoloLens,它不仅是单一硬件,还是云服务、Dynamics 365和AI技术解决方案的终端。

#### 1. HoloLens 2 工业设计

HoloLens 2依然是一体式设计。HoloLens 1被批评最多的就是佩戴方式不友好,而HoloLens 2改进了头箍式的方案,前面增加了额头面罩,后侧也拥有大面积支撑,拥有更好的平衡性,这样通过旋钮调节松紧,和WMR头显有些类似。

HoloLens 2机身全部采用碳纤维材料,目的就是降低重量。HoloLens 2整机重量为566g,较HoloLens 1的579g而言变化不大,但因为配重分配更均匀,实际感觉会更轻一些。HoloLens 2的前部使用了翻盖式设计,对于佩戴眼镜的用户来说更加友好,在前额部分还增加了一块软垫,增大了受力面积,提供了更好的支撑;在侧部,原先的"厚眼镜腿"变得更加苗条;脑后部则增加了一块大的组件,除了提供支撑,HoloLens 2的CPU和电池都位于这一组件中,通过头带中的导线连接到显示面板和前方组件上,让设备的重量分布更为平均,如图1.62所示。

图 1.61 微软 HoloLens 2 智能眼镜

图 1.62 微软 HoloLens 工业设计

**2．视场角**

相较于 HoloLens 1 720P 的分辨率和狭窄的视场角，HoloLens 2 采用了 2K 分辨率的显示屏，长宽比为 3∶2，可视范围有较大改善，达到了 HoloLens 1 的两倍，不过依然不能完全覆盖你的整个视野。同时新的产品能够提供 47 像素/度的角度分辨率，在图像清晰度上已经比 Magic Leap One 更好了，能够让用户清楚地读出 8pt 大小的文字，如图 1.63 所示。

**3．激光显示器与光波导**

光学方面，据了解微软 HoloLens 2 采用激光蚀刻全息波导，并由 HoloLens 1 的三层玻璃改为两层玻璃。光源经由 MEMS 到波导，可呈现更高的亮度。

**4．自动瞳孔距离校准**

为了让每个人都能看到清晰的画面，微软在设备的鼻梁位置上安装了两个微型摄像头，可以自动测量瞳距并相应地调整图像，如图 1.64 所示。同时这两个微型摄像头还能够支持视网膜识别，让用户能够安全地登录 Windows 系统。

图 1.63　微软 HoloLens 视场角

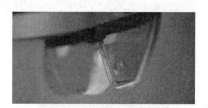

图 1.64　自动瞳孔距离校准

**5．处理器**

HoloLens2 采用了高通骁龙 850 处理器，该处理器使用了 ARM 架构，在能耗比上比 HoloLens 1 使用的英特尔 Atom 处理器有更大的提升。骁龙 850 处理器相对于 HoloLens 1 所使用的英特尔 Atom 处理器与自研 GPU，在性能上有较大的提升，这也是 HoloLens 2 中可以应用 2K 分辨率显示屏的基础，如图 1.65 所示。在强大性能的保障下，HoloLens 2 能够为用户提供更为流畅的体验。

图 1.65　HoloLens 2 处理器

**6．HoloLens 2 空间、物体识别与 GPS**

HoloLens 1 的 Spatial Mapping 功能能够对空间进行扫描建模，最终识别出一个个水平或者垂直的平面，并对这些平面进行非常简单的区分，比如墙壁、天花板和地板。但是桌子、椅子这样的物体对于 HoloLens 1 来说是无法区分的。这一点在 HoloLens 2 中有了改变。在 Azure Kinect 这一新型阵列传感器的支持下，HoloLens 2 中加入了 Semantic Understanding 功能，让其能够区分出环境中的不同物体，比如沙发、桌子、人等，如图 1.66 所示。与 HoloLens 1 的传感器相比，Azure Kinect 拥有更高的分辨率以及能够在日光下提高性能的全局快门，增加了自动每像素获得选择等功能，拥有更广泛的动态范围。

　　顾名思义,Azure Kinect 能够通过微软自身的 Azure 云服务获取更多的机载智能、更高效的人工智能,以及更有效的带宽使用和云端处理能力,如图 1.67 所示。HoloLens 2 与云服务将会紧密地结合在一起,提供更广泛的应用。微软还通过 Azure 混合现实服务在空间与物体识别上为用户提供了新工具,名为 Azure Spatial Anchors,让用户能够将全息图固定在现实中的某一个位置。ARCore 以及 ARKit 上也有类似的功能。但是这一功能能够在 HoloLens 2 上使用意味着 HoloLens 2 拥有了 GPS 定位功能,这是 HoloLens 1 所没有的新特性。

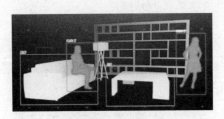

图 1.66　HoloLens 2 空间物体识别

图 1.67　Azure Kinect

　　HoloLens 1 的手势识别功能只能支持两个手势的识别:Air Tap 与 Bloom,而 HoloLens 2 则给用户提供了更加自然、更加符合直觉的手势交互功能。如果 HoloLens 2

图 1.68　虚拟手术手势识别

在用户面前的某处显示了一个按钮,用户无须再进行瞄准 Air Tap 这样的操作来单击它,只需要像按一个真实的开关一样伸出手指就能够和全息影像进行互动。此外,HoloLens 2 还加入了对于双手拖拽手势的支持,让用户可以抓住全息物体的边缘直观地去操作(如放大或缩小),省去了 HoloLens 1 中烦琐的操作,如图 1.68 所示。

　　通过鼻梁上的两个微型摄像机,HoloLens 2 拥有了眼动跟踪功能。HoloLens 2 可以检测用户正在注视的区域,并提供相应的互动。在一个演示中,用户可以通过眼睛盯着不同的泡泡就可以将它们戳破。当使用自动滚动功能时,也可以通过眼睛来控制滚动速度,例如,看向页面底部时会加快滚动,看向顶部则会停止滚动。

### 7. HoloLens 软件生态

　　HoloLens 2 使用 Windows Core OS 作为操作系统,Windows Core OS 是微软正在开发的能够应用于包括手机、计算机、服务器以及游戏主机等所有设备的操作系统。HoloLens 2 正是微软对于该系统的一次试验。在应用软件上,HoloLens 2 将会保持一贯以来的开放性,提供开放的应用商店、开放的浏览器以及开放的开发者平台,如图 1.69 所示。在开发工具方面,在缺席了 HoloLens 的整个生命周期以后,Epic Games 的 CEO Tim Sweeney 与 Alex Kipman 共同宣布虚幻 4 引擎将会增加对 HoloLens 的支持。

### 8. HoloLens 专注企业用户

　　HoloLens 2 是完全专注于企业用户的设备,将仅向公司出售,售价 3500 美元。这与

图 1.69　HoloLens 软件生态

HoloLens 1 的定位有所不同。HoloLens 1 产品在对外宣传时使用了如 *Minecraft* 这样的游戏,定位介于消费级产品与工业级产品之间。而 HoloLens 2 完全放弃了消费者市场,将主要面向汽车制造商、工厂车间一线工人、手术室的医生以及远程协作等。

　　HoloLens 2 是一款出色的企业级产品,3500 美元的售价介于 HoloLens 开发者版 3000 美元与商业版 5000 美元之间,相较于 HoloLens 1,在性能、显示效果、交互性等方面有了全面的提升,而生态上的开放让 HoloLens 2 拥有了广阔的应用前景。目前人类正处于"第三个计算时代"的边缘,第一个计算时代带来了开放式架构的个人计算机;第二个计算时代带来了封闭生态的手机以及应用商店;而微软希望通过 HoloLens 将钟摆重新定位到开放上,HoloLens 有着十分开放的生态系统。即使是其中搭载微软 Azure 服务,耦合度也很低,但是对于微软来说,混合现实是未来。

## 1.5.2　Magic Leap

　　美国东部时间 2018 年 8 月 8 日 8 时 8 分 Magic Leap 公司发布 Magic Leap One。Magic Leap One 包括一个头显(Lightwear)、一台便携主机(Lightpack)和一个控制手柄,如图 1.70 所示。Magic Leap One 拥有数字光场、视觉感知、持续对象、声场音频、高性能芯片组和下一代界面等特性。其中"数字光场"是 Magic Leap One 最大的技术特点。

图 1.70　Magic Leap One 设备

　　Lightwear 的外形类似于护目镜,用户可以同时看到现实世界和虚拟世界,就好像戴着一副特殊的眼镜。Magic Leap 已经把强大的处理能力压缩到一个小巧便携的 Lightpack 中,这个 Lightpack 正好可以放在你的口袋里。在这个引擎内部是一个集成的 GPU 和 CPU,可以生成高保真、质量高的图形来创建下一个层次的体验。用户可以随意走动,不受任何束缚,该设备配备 6DoF 的手柄控制器,如图 1.71 所示。

图 1.71　Magic Leap One 设备组件

### 1.5.3　0glass AR

深圳增强现实技术有限公司(简称 0glass)是 AR 工业解决方案领导者,拥有完全自主知识产权的工业级 AR 智能眼镜、工业级 AR 算法、完整的工业 AR 解决方案,致力于成为深度挖掘工业大数据的人工智能公司,通过 AR＋AI 的深度融合,打造了软硬一体的产品与服务。可以访问 0glass 的官网(网址请参考本书配套资源),0glass 的产品既有硬件产品,也有软件产品,如图 1.72 所示为 0glass 提供的 AR 设备。

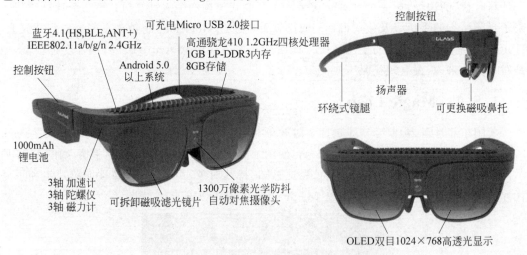

控制按钮

蓝牙4.1(HS,BLE,ANT+)
IEEE802.11a/b/g/n 2.4GHz

可充电Micro USB 2.0接口

高通骁龙410 1.2GHz四核处理器
1GB LP-DDR3内存
8GB存储

Android 5.0
以上系统

控制按钮

扬声器

环绕式镜腿

可更换磁吸鼻托

1000mAh
锂电池

3轴 加速计
3轴 陀螺仪
3轴 磁力计

可拆卸磁吸滤光镜片

1300万像素光学防抖
自动对焦摄像头

OLED双目1024×768高透光显示

图 1.72　0glass AR 设备

### 1.5.4　HoloMax 全息交互系统

HoloMax 多人全息交互系统是域圆科技推出的一款便携式虚拟现实系统,具有完全自主知识产权,已获国家专利保护认证。HoloMax 可提供沉浸式的虚拟互动体验,自然的人机交互方式,亮丽鲜艳的画面表现。具有操作简单、轻便易携、可快速安装等优点。可以广泛应用于教育实训、工业仿真、建筑仿真、军事仿真、技术培训和营销展示,如图 1.73 所示。

图 1.73　全息交互系统在教学场景中的应用

## 1.5.5　XMAN 智能眼镜

XMAN 是由悉见科技在 2018 年发布的一款单目分体 AR 智能眼镜,如图 1.74 所示。
XMAN 集成 AI 识别(包括人脸、车牌、物流、巡检、分拣、二维码等各种对象)、拍照摄像、语
音通话、室内外定位等多项功能,广泛应用于警用安防、工业制造、文化旅游、新零售等多个
领域。

图 1.74　XMAN 智能眼镜

# 第 2 章

# WebXR 介绍

## 2.1 WebGL 介绍

### 2.1.1 基本概念

WebGL 是一个 JavaScript API 图形库,全称为 Web Graphics Library,可以让浏览器在不安装任何额外插件的情况下渲染高性能的交互式 3D 和 2D 图形,WebGL 将 JavaScript 和 OpenGL ES 结合在一起,从而为 HTML5 Canvas 提供硬件渲染加速,该 API 可以在 HTML5 Canvas 元素中使用,并基本保持了与 OpenGL ES 非常一致的 API,以获得良好的跨平台特性。

### 2.1.2 发展历史

WebGL 起源于 Mozilla 一项称为 Canvas3D 的实验项目,2006 年首次展示了 Canvas3D 的原型,2007 年年底在 Firefox 浏览器和 Opera 浏览器中实现。在 2009 年年初,非营利技术联盟 Khronos Group 启动了 WebGL 工作组,最初的工作成员包含了 Apple、Google、Mozilla、Opera 等主流浏览器厂商。2011 年 3 月发布 WebGL 1.0 规范。并于 2017 年制定了 WebGL 2.0 规范,该规范基于 OpenGL ES 3.0,目前已被大部分主流浏览器兼容和支持。如图 2.1 展示了 OpenGL 与 WebGL 的发展历程。

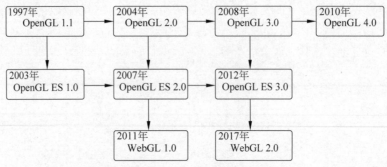

图 2.1  OpenGL 与 WebGL 的发展历程

### 2.1.3　应用场景

WebGL 标准已经在大部分浏览器中得到了支持,包括手机浏览器。相较于已经在 Web 中退出历史舞台的 Flash,WebGL 具有两个重要优势:第一,它通过 HTML 脚本本身实现 3D 或 2D 交互式动画的功能,无须安装任何额外插件(部分读者应该还记得曾经浏览网站时弹出安装 FlashPlayer 插件的提示);第二,基于 OpenGL 的硬件加速渲染,为开发者提供了统一、标准、跨平台的实现方案。

基于 WebGL 的各种应用层出不穷,应用最为广泛的当属网页游戏领域和手机游戏领域,随着技术应用的不断尝试和探索,目前也出现了很多 3D 展示、数据可视化等应用场景,以及 WebAR、WebVR 等应用也逐步在发展和普及,相信随着 5G 技术的落地,WebGL 在未来会有更多用武之地。

## 2.2　WebXR 技术发展与现状

### 2.2.1　W3C 标准化组织

在 Web 开发中,涉及一个重要的组织,即 W3C 组织,W3C 是 World Wide Web Consortium(万维网联盟)的缩写,它是制定网络标准的一个非营利组织,与 Web 相关的技术标准,例如 HTML、XHTML、CSS、XML 等都是由 W3C 制定的。由于 Web 标准的制定无论在影响范围或投资方面都很重要,因此,它不能由任何一家组织单位控制。W3C 采取会员制,包括软件开发商、内容提供商、通信公司、研究机构、标准化团体以及政府,一些知名企业如微软、IBM、Apple 等都是 W3C 的会员。

W3C 制定的一系列标准,为 Web 技术的应用提供了规范,因此,在谈及 WebXR 之前,需要对 W3C 有一定的了解,因为 WebXR 的规范标准,同样是由 W3C 标准化组织来制定。

### 2.2.2　昙花一现的 WebVR API

WebVR API 能为虚拟现实设备提供渲染支持,例如,Oculus Rift 或 HTC Vive 这样的头戴式设备可以直接通过浏览器与 Web 应用进行连接,无须下载客户端软件,就可以将用户的位置和动作信息转换成 3D 场景中的运动,基于 WebVR 技术能够制作很多有趣的应用,比如虚拟的产品展示、可交互的培训课程,以及具有沉浸感的第一人称游戏。

W3C 制定了一套 WebVR API,后期又制定了能够同时支持 VR 和 AR 的 WebXR API,虽然 WebVR API 目前还在沿用,但有可能会逐步被 WebXR API 所取代,因此建议大家在使用过程中优先考虑 WebXR API。

### 2.2.3　WebXR API 介绍

WebXR API 用于将 3D 场景渲染至 VR 世界中或者向真实的世界中增加图形图像信

息,对现实进行增强(即 AR)。WebXR 接口实现了 XR 的核心特性——管理输出设备,渲染 3D 图像,管理用户的控制器传回的运动向量数据等。

WebXR 接口提供了以下关键功能:

(1) 查找兼容的 VR 或 AR 输出设备;

(2) 以适当的 FPS 将 3D 场景渲染到设备中;

(3) 将输出的场景同步镜像至 PC 端显示器上;

(4) 创建输入控制器的移动向量。

但这里需要注意的是,WebXR 并非一种渲染技术,不提供用于管理 3D 数据或渲染场景的功能,虽然 WebXR 在绘制场景时会管理时间、调度、视点,但它并不知道如何加载和管理模型,也无法知道如何渲染纹理等。这部分渲染相关的技术完全取决于开发者,开发者可以基于 WebGL 或各种基于 WebGL 的框架来处理这部分实现。常用的 3 个通用框架均支持 WebXR 的接口,分别是 A-Frame、Babylon.js 和 Three.js,后续还会更加详细地介绍这 3 个 WebXR 框架。

## 2.3　Three.js 框架介绍

Three.js 是一套可以在浏览器中运行 3D 场景内容的引擎,如图 2.2 所示,其中 three 代表三维的意思,js 表示该框架是基于 JavaScript 编写而成。由于 JavaScript 是 Web 前端使用的主要语言,因此大部分基于 Web 的 3D 引擎或 XR 框架,都采用 JavaScript 来编写,也通常会以.js 作为引擎名的扩展名。

Three.js 入门非常简单,刚开始学习 Three.js,无须配置复杂的开发环境,也无须安装庞大的开发工具,仅需简单的代码编辑工具即可尝试代码的编写,并在浏览器中查看代码实现的三维场景效果。

图 2.2　Three.js 框架 Logo

作为本书讲解的第一个 WebXR 应用,相对比较简单且容易实现。一般来说,WebXR 编程可以有两种实现方式:一种是可以直接在某一种框架的官方网站的在线编辑器中进行实现并运行查看效果,例如 A-Frame 框架;另一种是在本地搭建 Web 站点,然后使用网页编辑器编辑 WebXR 代码,然后发送至 Web 站点运行。

搭建 Web 站点可以选择 Linux 或者是 Windows 平台,在这里选择在 Ubuntu 系统下进行实现。本地搭建 Web 服务器可以选择复杂的生产级别的 LAMP(Linux+Apache+MySQL+PHP)或者 LNMP(Linux+Nginx+MySQL+PHP)环境,也可以通过如下两种方式之一搭建一个简易的 Web 站点。

### 2.3.1　基于 Python 的 Web 服务器搭建

由于在 Linux 系统的默认安装过程中,一般会安装 Python,目前最新的 Python 版本是 3.x,可以通过如下的命令直接在 Linux 操作系统中开启 Web 服务。首先创建 Web 站点的根目录为/web,然后在该目录下开启服务端口为 8000 的 Web 站点。

```
1. yx@webserver:~ $ sudo mkdir /web
2. yx@webserver:~ $ cd /web
3. yx@webserver:/web $ python - m SimpleHTTPServer
4. Serving HTTP on 0.0.0.0 port 8000 ...
```

可以直接在客户端中测试该站点。出现如图 2.3 所示的提示信息,说明简单 Web 站点搭建成功。

图 2.3　测试运行 Web 站点(一)

要想关闭该站点,可以在上述命令行界面直接按下 Ctrl+C 快捷键结束 Web 服务的运行。

## 2.3.2　基于 NPM 的 Web 服务器搭建

接触过 Node.js 开发的读者应该对 NPM 并不陌生,可以使用 NPM 的方式搭建本地 Web 站点。同样将站点的根目录设置为/web,然后用 NPM 的方式安装 http-server,并且直接在该目录中启用 http-server 即可。

```
1. yx@webserver:/web $ sudo apt - get install - y npm
2. yx@webserver:/web $ sudo npm install - g npm
3. yx@webserver:/web $ sudo npm install - g n
4. yx@webserver:/web $ sudo n latest
5. yx@webserver:/web $ sudo npm install http - server - g
6. yx@webserver:/web $ http - server
```

此时就会在 Linux 系统的控制台中提示如图 2.4 所示的信息,可以看出当前 Web 服务器的版本、简要配置、访问方式等提示信息。

然后通过客户端浏览器访问 Web 站点,可以看到如图 2.5 所示的页面,说明 Web 站点搭建成功。

接下来首先在自己的计算机上新建一个文件夹作为工作区,然后新建 index.html 文件,使用 VSCode 或其他代码编辑工具打开 HTML 文件,并输入下面的 HTML 代码。

```
yx@webserver:/web$ http-server
Starting up http-server, serving ./

http-server version: 14.1.0

http-server settings:
CORS: disabled
Cache: 3600 seconds
Connection Timeout: 120 seconds
Directory Listings: visible
AutoIndex: visible
Serve GZIP Files: false
Serve Brotli Files: false
Default File Extension: none

Available on:
  http://127.0.0.1:8080
  http://192.168.31.208:8080
Hit CTRL-C to stop the server
```

图 2.4　开启 Web 服务

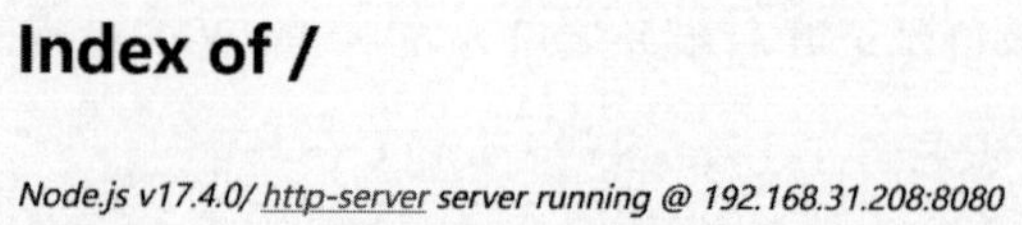

# Index of /

*Node.js v17.4.0/ http-server server running @ 192.168.31.208:8080*

图 2.5　测试运行 Web 站点(二)

```
1.   <! DOCTYPE html >
2.   < html >
3.       < head >
4.           < meta charset = "utf - 8" >
5.           < title >我的第一个 three. js 应用</title >
6.           < style >
7.               body { margin: 0; }
8.           </style >
9.       </head >
10.      < body >
11.          < script src = "three. js"></script >
12.          < script >
13.              //这里是接下来需要编写的 JavaScript 脚本
14.          </script >
15.      </body >
16.  </html >
```

上述代码创建了一个基本的 HTML,并定义了 head、title、body 等主要标签。需要大家注意的是< script src＝"three. js"></script >这行代码,这里引用了外部的 Three. js 框架脚本,这个脚本可以通过 Three. js 官网下载获取,访问官方网址(网址请参考本书配套资源),从 Code 部分的 Download 标签中进行下载;或者从本书配套资源中进行下载。

接下来正式开始编写 Three. js 脚本,并初始化 Three. js 场景、首先需要创建 scene、camera 和 renderer 对象,其中 scene 代表场景,camera 为相机,renderer 为渲染器,代码如下:

```
1.   const scene = new THREE. Scene();
2.   const camera = new THREE. PerspectiveCamera( 75, window. innerWidth / window. innerHeight,
0.1, 1000 );
3.   const renderer = new THREE. WebGLRenderer();
4.   renderer. setSize( window. innerWidth, window. innerHeight );
5.   document. body. appendChild( renderer. domElement );
```

其中,PerspectiveCamera 表示一个透视投影的相机,其构造函数格式为:

```
PerspectiveCamera( fov : Number, aspect : Number, near : Number, far : Number )
```

如图 2.6 所示,其中 4 个参数的含义如下。

(1) fov:相机视场角,即相机视锥体垂直视野角度,从视图的底部到顶部,以角度来表示,默认值是 50。

(2) aspect:相机宽高比(也称为纵横比),相机视锥体的长宽比,通常用画布的宽/画布

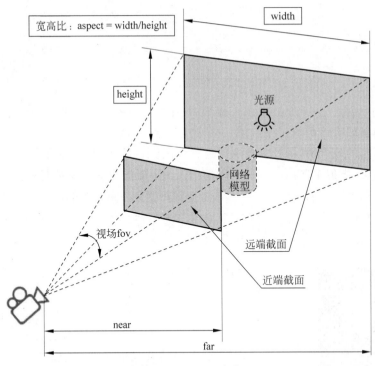

图 2.6　Three.js 相机

的高表示,默认值是 1,即画布为正方形。

（3）near：相机视锥体近端截面。

（4）far：相机视锥体远端截面。

然后在实例化相机时传入上述参数对应的值即可。接下来实例化 WebGL 类——THREE.WebGLRenderer(),从而创建渲染器对象。通过访问 renderer.setSize()方法来设置渲染时场景的大小,这里设置的大小为 Window 窗口的宽和高,用户也可以根据自身的需求传一个固定大小的值,然后将渲染场景的 Canvas 画布添加进 body 标签中。下面向场景中再添加一个立方体,代码如下：

```
1.  const geometry = new THREE.BoxGeometry();
2.  const material = new THREE.MeshBasicMaterial( { color: 0x00ff00 } );
3.  const cube = new THREE.Mesh( geometry, material );
4.  scene.add( cube );
5.  camera.position.z = 5;
```

上述代码首先创建了一个名为 Cube 的立方体,并创建了一个基础的材质,将材质的颜色设置为绿色(0x00ff00 为用十六进制表示的绿色),然后将 Mesh(包括几何体和材质两种元素)添加到场景中,并将 Cube 的坐标设置为(0,0,5)。

至此,如果在浏览器中打开该页面,那么在页面上将会看不到任何东西,因为还没有真正地调用 renderer 的渲染功能。接着添加以下代码：

```
1.  function animate() {
2.  requestAnimationFrame( animate );               //递归运行 animate()函数
3.   renderer.render( scene, camera );              //渲染器渲染场景,等同于给相机按下快门
4.  }
5.  animate();
```

上述代码中创建了一个 animate()函数,该函数的目的是能够使得场景 Scene 中的物体对象运行。但是如果该函数仅仅调用一次,是起不到类似 Unity 中的 Update()方法那样的使物体逐帧运行的效果的,因此需要递归运行该函数。最后,通过渲染器使用 Camera 相机对场景进行渲染,类似于 Unity 中的运行场景。为了能够让立方体动起来,可以在渲染循环中修改立方体的朝向,即让立方体绕 $x$ 轴和 $y$ 轴每帧旋转 $0.01$ 单位。

```
1.  cube.rotation.x += 0.01;
2.  cube.rotation.y += 0.01;
```

完成上述工作后,保存代码,用浏览器打开页面,将会看到如图 2.7 所示的运行结果。

至此就完成了第一个 Web3D 的案例。下面将给出完整的代码。从下面的代码中,也可以看出如果读者具备了 HTML5+CSS 网站开发的经验,那么进行 WebXR 开发的学习时,将会变得得心应手。

图 2.7　场景运行的效果

```
1.  <!DOCTYPE html>
2.  <html>
3.  <head>
4.      <meta charset = "utf - 8">
5.      <title>My first three.js app</title>
6.      <style>
7.          body { margin: 0; }
8.      </style>
9.  </head>
10. <body>
11.     <script src = "three.js"></script>
12.     <script>
13.         const scene = new THREE.Scene();
14.          const camera = new THREE.PerspectiveCamera( 75, window.innerWidth / window.innerHeight, 0.1, 1000 );
15.
16.         const renderer = new THREE.WebGLRenderer();
17.         renderer.setSize( window.innerWidth, window.innerHeight );
18.         document.body.appendChild( renderer.domElement );
19.
20.         const geometry = new THREE.BoxGeometry();
21.         const material = new THREE.MeshBasicMaterial( { color: 0x00ff00 } );
```

```
22.        const cube = new THREE.Mesh( geometry, material );
23.        scene.add( cube );
24.
25.        camera.position.z = 5;
26.
27.        function animate() {
28.            requestAnimationFrame( animate );
29.
30.            cube.rotation.x += 0.01;
31.            cube.rotation.y += 0.01;
32.
33.            renderer.render( scene, camera );
34.        };
35.
36.        animate();
37.    </script>
38.  </body>
39. </html>
```

# 2.4　A-Frame 框架介绍

A-Frame 框架是一个用于构建 3D/AR/VR 应用的 Web 框架,如图 2.8 所示,基于
Three.js 开发,更多信息可以通过其官方网站进行了解(网址请参考本书配套资源)。

图 2.8　A-Frame 官方网站

下面使用 A-Frame 框架来实现一个播放全景图的小案例。全景(Panorama)技术通常
被叫作 VR 全景、360°全景、球形照片、球形视频等,有全景照片和全景视频两种展示形式。
全景技术目前已经成为一种非常流行的富媒体技术,与普通照片、视频的区别是,全景技术
营造出了一种空间感和沉浸感,因此在很多景区、校园、博物馆等场所,都使用全景技术对环

图 2.9　一张风景的全景图像

境进行更加直观的展示。

下面介绍如何在网页中展示一张全景图像,在开始之前,需要准备以下素材和工具。

(1) 全景图像 1 或 2 张,如图 2.9 所示(这里不是教大家去拍摄或渲染全景图像,而是教大家如何将现有全景图像在网页中进行展示)。

(2) 背景音乐素材一个,一般为 MP3 格式。

(3) 一个代码编辑器,这里使用 Sublime Text,也可以使用其他类型的编辑器,例如 WebStorm、Dreamweaver 等,读者可以根据自己的喜好灵活选择。

(4) 浏览器。推荐使用 Chrome 进行开发测试,或者 Firefox 浏览器,不推荐使用 360 或者 QQ 浏览器。

为了以最便捷的方式实现本教程的效果,无须配置烦琐的开发环境或运行环境,只需准备上述素材和工具即可。

基于 A-Frame 框架开发 WebXR 内容,可以通过扩展的 HTML 标签快速搭建场景,也可以使用 JavaScript 脚本来实现更多、更灵活的交互功能,而本节的全景播放器仅需使用标签即可定义,下面为完整代码。同样需要首先访问 A-Frame 官网,下载 aframe. min. js 框架脚本并进行加载(网址请参考本书配套资源),才可以正常使用 A-Frame 提供的各种丰富的 HTML 标签。当然可以直接在 src 属性中指定 aframe. min. js 的官方网址进行加载,但是从官方网址加载时速度会受网络速度的影响,所以建议还是将 JS 框架文件下载到本地目录中。

```
1.  <!DOCTYPE html>
2.  <html>
3.      <meta charset = "utf - 8">
4.      <head>
5.          <title>WebXR系列教程:5分钟制作全景相册</title>
6.      </head>
7.      <script type = "text/javascript" src = "aframe.min.js"></script>
8.      <body>
9.          <a - scene background = "color: #00FF00">
10.             <a - sky src = "trees.jpg" rotation = "0 90 0"></a - sky>
11.             <a - sound src = "src:url(bg.mp3)" autoplay = true loop = true></a - sound>
12.         </a - scene>
13.     </body>
14. </html>
```

上述代码使用了 3 个 HTML 标签:a-scene、a-sky、a-sound,这 3 个标签的作用如表 2.1 所示。

表 2.1　常用的 A-Frame 标签

| 标 签 名 称 | 用　　途 | 文 档 介 绍 |
|---|---|---|
| < a-scene ></a-scene > | 场景标签 | 网址请参考本书配套资源 |
| < a-sky ></a-sky > | 天空球 | 网址请参考本书配套资源 |
| < a-sound ></a-sound > | 音乐资源 | 网址请参考本书配套资源 |

A-Frame 扩展的 HTML 标签继承了 HTML 标签的属性,如 a-scene 标签的 background 属性设置了场景的背景色,也拥有自己特有的属性;如 a-sky 标签中的 rotation 属性,设置了相机的朝向,其值为一个三维向量。

## 2.5　Babylon.js 引擎介绍

本节介绍如何通过 Babylon.js 创建简单的三维物体,Babylon.js 是由微软推动的 WebGL 开发框架和引擎,其 Logo 如图 2.10 所示。Babylon.js 功能强大,也有较为完善的工具和文档,是入门 Web3D 和 WebXR 开发非常好的一款引擎,更多信息可以访问 Babylon.js 官方网站(网址请参考本书配套资源)进行了解。

本案例试图通过 JavaScript 代码来创建简单的三维物体,这里选择 Android 系统的机器人形象作为参考进行创建,最终效果如图 2.11 所示。

图 2.10　Babylon.js 框架 Logo　　　　图 2.11　Babylon.js 示例

下面讲解具体的实现过程。在开始之前,读者需要从官方网站获取 Babylon.js 库,具体开发步骤如下:

### 2.5.1　初始化网页

打开 VSCode 或者其他编写网页的 IDE 平台,新建 index.html 文件,并将文件另存为工作区(建议与 Babylon.js 存放在同一目录下),输入如下基本的 HTML 页面代码:

```
1.    <!DOCTYPE html>
2.    < html >
3.        < meta charset = "utf - 8">
```

```
4.      <head>
5.        <title>WebXR系列教程:简单三维物体创建</title>
6.      </head>
7.      <script src="babylon.js"></script>
8.      <body>
9.        <canvas id="webxr"></canvas>
10.      <script>
11.      </script>
12.    </body>
13. </html>
```

在HTML页面的head标签后引入了Babylon.js脚本,这样就可以在<script></script>内调用Babylon.js的相关功能,然后在body部分通过canvas标签创建一个ID为webxr的画布。

## 2.5.2 初始化3D场景

接下来初始化3D场景,调用Babylon.js的API来初始化3D场景,包括初始化引擎、场景、相机、灯光、环境,主要通过以下代码来实现:

```
1. const engine = new BABYLON.Engine(canvas, true);        //初始化引擎
2. let scene = new BABYLON.Scene(engine);                  //初始化场景
3. scene.createDefaultCamera(true,true,true);              //初始化相机
```

这里传入的第一个参数为true时,引擎会向场景中创建一个轨道旋转相机ArcRotateCamera,ArcRotateCamera是Babylon.js中特有的一个相机类型,可以通过用户的操作让相机围绕某个三维目标进行观察,然后初始化默认灯光和默认环境。

```
1. scene.createDefaultLight();                             //初始化默认灯光
2. let env = scene.createDefaultEnvironment();             //初始化默认环境
```

环境包括地面、天空盒、HDR等,调用上述代码将创建一个默认的天空盒和地面,大家也可以尝试创建自己的环境。这部分的完整代码和注释如下所示:

```
1.  const canvas = document.getElementById("webxr");       //获取canvas元素
2.  const engine = new BABYLON.Engine(canvas, true);       //初始化引擎
3.  let createScene = function() {
4.    let scene = new BABYLON.Scene(engine);               //创建场景
5.    scene.clearColor = new BABYLON.Color3(0.2,0.2,0.2);  //设置场景背景颜色
6.    scene.createDefaultCamera(true,true,true);           //创建默认相机
7.    scene.createDefaultLight();                          //创建默认灯光
8.    scene.activeCamera.beta = Math.PI / 2.4;             //限定相机观察角度
9.    scene.activeCamera.radius = 8;                       //设置相机与物体的距离
10.   let env = scene.createDefaultEnvironment();          //创建默认环境
11.   env.setMainColor(new BABYLON.Color3(1,1,1))          //设置环境主色
12.   env.ground.position.y = -0.5;                        //设置地面高度
```

```
13.    return scene;
14.  }
15.
16.  const scene = createScene();              //调用 createScene 完成场景的创建
17.  engine.runRenderLoop(function(){
18.   scene.render();                          //渲染场景
19.  });
```

## 2.5.3　创建三维物体

完成了网页和场景的初始化,接下来开始向场景中添加需要的 3D 物体。下面在上述场景中添加一个 Android 机器人的三维模型。需要说明的是,在大部分应用场景中,并不会直接通过代码来创建 3D 模型,而是通过 3ds Max、Maya、Blender 等三维建模软件来制作。本节仅是为了让大家熟悉 Babylon.js 的基础使用,至于如何制作更加复杂的场景,请大家阅读后续章节。

为了让代码更加清晰和模块化,新建一个 world.js 脚本专门来完成物体的创建,需要在 world.js 中创建 createWorld() 函数,并在 index.html 中引入该脚本,并调用 createWorld() 函数。接下来首先创建一个圆柱体,并设置圆柱体的高度、直径以及位置信息,代码如下:

```
1.   let createWorld = function(scene){
2.       let cylinder = BABYLON. MeshBuilder. CreateCylinder ( " cylinder", { height: 0. 8,
diameter:1},  scene);
3.       cylinder. position = new BABYLON. Vector3(0,0.5,0);
4.   }
```

## 2.5.4　修改物体的材质

默认的物体材质颜色为灰色,新建一个材质,将其颜色设置为绿色,并将该材质赋予需要修改的身体部位。

```
1.   let mat = new BABYLON.StandardMaterial("mat");      //创建标准材质
2.   mat.diffuseColor = new BABYLON.Color3(0.5,1,0);      //设置材质漫反射颜色
3.   cylinder.material = mat;                             //将材质赋予物体
```

使用同样的方法,完成 Android 机器人模型其他部位的创建,完整的 world.js 代码如下:

```
1.   let createWorld = function(scene){
2.
3.       let cylinder =  BABYLON. MeshBuilder. CreateCylinder ( " cylinder", { height: 0.8,
diameter:1}, scene);
4.       cylinder. position = new BABYLON. Vector3(0,0.5,0);
```

```
5.      let sphere = BABYLON.MeshBuilder.CreateSphere("sphere", {slice: 0.45, sideOrientation:
BABYLON.Mesh.DOUBLESIDE});
6.      sphere.position = new BABYLON.Vector3(0,0.85,0);
7.
8.      let capsule = BABYLON.MeshBuilder.CreateCapsule("leg", {radius:0.12, height:0.6}, scene);
9.      capsule.position = new BABYLON.Vector3(-0.2,-0.1,0);
10.     let capsule2 = BABYLON.MeshBuilder.CreateCapsule("leg2", {radius:0.12, height:0.6}, scene);
11.     capsule2.position = new BABYLON.Vector3(0.2,-0.1,0);
12.     let capsule3 = BABYLON.MeshBuilder.CreateCapsule("leg3", {radius:0.12, height:0.7}, scene);
13.     capsule3.position = new BABYLON.Vector3(-0.63,0.58,0);
14.     let capsule4 = BABYLON.MeshBuilder.CreateCapsule("leg4", {radius:0.12, height:0.7}, scene);
15.     capsule4.position = new BABYLON.Vector3(0.63,0.58,0);
16.     let capsule5 = BABYLON.MeshBuilder.CreateCapsule("", {radius:0.02, height:0.5}, scene);
17.     capsule5.position = new BABYLON.Vector3(-0.3,1.2,0);
18.     capsule5.rotation = new BABYLON.Vector3(0,0,0.5);
19.     let capsule6 = BABYLON.MeshBuilder.CreateCapsule("", {radius:0.02, height:0.5}, scene);
20.     capsule6.position = new BABYLON.Vector3(0.3,1.2,0);
21.     capsule6.rotation = new BABYLON.Vector3(0,0,-0.5);
22.     let eye = BABYLON.MeshBuilder.CreateSphere("eye", {diameter:0.1});
23.     eye.position = new BABYLON.Vector3(-0.2,1.1,-0.35);
24.     let eye2 = BABYLON.MeshBuilder.CreateSphere("eye2", {diameter:0.1});
25.     eye2.position = new BABYLON.Vector3(0.2,1.1,-0.35);
26.
27.     let mat = new BABYLON.StandardMaterial("mat");
28.     capsule.material = mat;
29.     mat.diffuseColor = new BABYLON.Color3(0.5,1,0);
30.     cylinder.material = mat;
31.     sphere.material = mat;
32.     capsule.material = mat;
33.     capsule2.material = mat;
34.     capsule3.material = mat;
35.     capsule4.material = mat;
36.     capsule5.material = mat;
37.     capsule6.material = mat;
38. }
```

运行代码就可以看到如图 2.12 所示的体验效果。用手指拖动场景,可以看到场景中添加的 Android 机器人的三维模型能够根据拖动的角度进行旋转,从而进行无死角查看。

图 2.12  实际体验效果

上述页面的完整 HTML＋JavaScript 代码如下所示，请读者自行参考并实践。

```
1.   <!DOCTYPE html>
2.   <html>
3.    <meta charset = "utf-8">
4.    <head>
5.     <title>WebXR系列教程:简单三维物体创建</title>
6.    </head>
7.    <script src = "babylon.js"></script>
8.    <script src = "world.js"></script>
9.    <body>
10.     <canvas id = "webxr"></canvas>
11.     <script>
12.       const canvas = document.getElementById("webxr");
13.       canvas.style.width = "100%";
14.       canvas.style.height = "100%";
15.       const engine = new BABYLON.Engine(canvas, true);
16.       let createScene = function() {
17.         let scene = new BABYLON.Scene(engine);
18.         scene.clearColor = new BABYLON.Color3(0.2,0.2,0.2);
19.         scene.createDefaultCamera(true,true,true);
20.         scene.createDefaultLight();
21.         scene.activeCamera.beta = Math.PI / 2.4;
22.         scene.activeCamera.radius = 8;
23.         console.log(scene.activeCamera.beta);
24.         let env = scene.createDefaultEnvironment();
25.         env.setMainColor(new BABYLON.Color3(1,1,1))
26.         env.ground.position.y = -0.5;
27.         return scene;
28.       }
29.       const scene = createScene();
30.       const world = createWorld(scene);
31.
32.      engine.runRenderLoop(function(){
33.      scene.render();
34.      });
35.     </script>
36.    </body>
37.  </html>
```

# 第 3 章

# WebXR 开发基础

## 3.1 一行代码让网站支持 3D 和 VR

本章为大家讲解 Babylon.js 的开发基础,让读者从头熟悉如何在 Web 页面中创建一个虚拟的三维世界。创建一个虚拟世界,需要一个场景(Scene)并在场景中添加模型(Model),模型有可能是一个简单的立方体块,也可能是一个复杂的角色,无论是简单的模型还是复杂的模型,大都是由 Mesh 网格组成,如图 3.1 所示。

除此之外,还需一个相机(Camera)去观察虚拟世界,一个灯光(Light)去照亮场景,等等。拥有上述内容后,才能够在 Web 页面观察到一个虚拟的世界,接下来将逐步为大家描述如何实现上述内容。

基于 Web 的 XR 应用(例如 3D、全景、AR、VR等,或上述四者互相结合的应用)都属于 WebXR 的范畴,相较于基于 C/S 架构的独立应用,WebXR 应用有其不可替代的优势,也存在目前难以消除的缺陷。

WebXR 最大的优势在于,无须额外下载独立应用,通过浏览器(或扫码或单击)即可进行体验,用完即走,不留痕迹。省去用户下载 App 的麻烦之后,对于开发者而言,将面临一个严峻的考验,那就是 XR应用中有大量的 3D 资源,如何使之轻量化,减少用户等待加载的时间,给用户一个流畅的体验感受?面

图 3.1 基于 Mesh 网格的三维模型

对这个问题,无论是程序开发者,还是内容生产者,无疑都要花费更多时间在资源和程序的优化上,不过资源的优化工作不在本节讨论范围内,因此不再赘述。

W3C 标准化组织发布的 WebXR Device API(网址请参考本书配套资源)目前可支持一

些主流的 XR 设备,并已被集成至一些常见的 JavaScript 游戏引擎或 3D 图形框架中,例如 A-Frame、Three.js、Babylon.js 等,开发者可以基于这些工具来实现自己的应用。不过目前并非所有的浏览器都已支持 WebXR,浏览器兼容情况如图 3.2 所示,完全支持的浏览器备注了所需的最低版本。

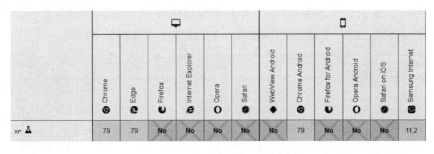

| | 🖥️ | | | | | | 📱 | | | | | |
| | Chrome | Edge | Firefox | Internet Explorer | Opera | Safari | WebView Android | Chrome Android | Firefox for Android | Opera Android | Safari on iOS | Samsung Internet |
| --- | --- | --- | --- | --- | --- | --- | --- | --- | --- | --- | --- | --- |
| xr 🧪 | 79 | 79 | No | No | No | No | No | 79 | No | No | No | 11.2 |

▇ 完全支持　　　　　　　🗙 不支持

图 3.2　主流浏览器对 WebXR 的兼容情况

可以使用上面提到的 3D 框架来实现部分我们想要的 XR 应用。今天给大家展示的是使用 Babylon.js 来实现网站中展示 3D 模型的案例,案例效果如图 3.3 所示。

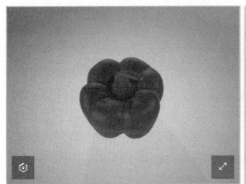

青椒为植物界,双子叶植物纲,合瓣花亚纲,茄科。和红色辣椒统称为辣椒。果实为浆果。别名很多,大椒、灯笼椒、柿子椒都是它的名字,因能结甜味浆果,又叫甜椒、菜椒。一年生或多年生草本植物,特点是果实较大,辣味较淡甚至根本不辣,作蔬菜食用而不作为调味料。由于它翠绿鲜艳,新培育出来的品种还有红、黄、紫等多种颜色,因此不但能自成一菜,还被广泛用于配菜。青椒由原产中南美洲热带地区的辣椒在北美演化而来,长期栽培驯化和人工选择,使果实发生体积增大、果肉变厚、辣味消失等性状变化。中国于100多年前引入,现全国各地普遍栽培,青椒含有丰富的维生素C。

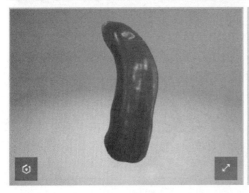

国内甜椒种子较多,表现突出的为进口品种荷椒13。在山西、山东、内蒙古、吉林、黑龙江等地均有大面积种植,是出口选型的优良品种。该品种是国际甜椒种子中的优秀品种,一代杂交种,中早熟,大果形品种,果实为灯笼形。连续坐果率高,四心室率高。果实整齐度高,味甜,果肉厚0.8cm左右,果横径10~11cm、纵径12~13cm。果色较深绿,熟果转红色,果面光亮,单果重300~400g,最大可达600g。高产品种,抗各种病害,适应性强。在国内大部分地区都有种植。果形大,产量高。果形方正,是市场或加工的理想品种。

图 3.3　一行代码让你的网站支持 3D 和 VR

上述案例中的 3D 展示功能,其核心代码只有下面一行。

```
1. < babylon model = "https://ilab - oss. arvroffer. com/WebXR/course/glb/pepper. glb"></babylon >
```

其中,< babylon ></babylon >标签表示将 Babylon. js 中的 Viewer 组件嵌入到页面中, Viewer 是 Babylon. js 内部封装的一个 3D 模型展示组件,model 属性指向了一个. gltf 格式 (或. glb)的 3D 模型的 URL,用户可以自定义,完整的页面代码如下所示。

```
1.   <! DOCTYPE html >
2.   < html >
3.   < head >
4.      < meta http - equiv = "Content - Type" content = "text/html; charset = utf - 8" />
5.      < title > 3D Viewer Example </title>
6.      < script src = "babylon. viewer. js"></script >
7.      < link rel = "stylesheet" href = "normalize. min. css" />
8.      < meta name = "viewport" content = "width = device - width, initial - scale = 1"></meta >
9.      < style >
10.        body {
11.           height: 600px;
12.        }
13.
14.        # header {
15.           font - size: 4em;
16.           padding: 5px;
17.        }
18.
19.        .cell {
20.           width:32 % ;
21.           height:60 % ;
22.           margin:8px;
23.           float: left;
24.           padding: 3px;
25.           background - color: # BBBBBB;
26.        }
27.
28.        @media screen and (max - width: 900px) {
29.           body {
30.              height: unset;
31.           }
32.           .cell {
33.              width:unset;
34.              padding: 0;
35.              font - size:18px;
36.           }
37.
38.           . babylon {
39.              width:100 % ;
40.              margin: 0;
```

```
41.              padding: 8px;
42.              box - sizing: border - box;
43.              background: unset;
44.          }
45.      }
46.
47.    </style>
48.  </head>
49.  < body >
50.      < div id = "header" >
51.          WebXR 系列:一行代码让你的网站支持 3D 和 VR.
52.      </div >
53.      < div class = "cell" >
54.          < babylon model = "https://ilab - oss. arvroffer.com/WebXR/course/glb/pepper.glb" >
</babylon >
55.      </div >
56.      < div class = "cell" >
```

57.　　　　青椒为植物界,双子叶植物纲,合瓣花亚纲,茄科。和红色辣椒统称为辣椒。果实为浆果。别名很多,大椒、灯笼椒、柿子椒都是它的名字,因能结甜味浆果,又叫甜椒、菜椒。一年生或多年生草本植物,特点是果实较大,辣味较淡甚至根本不辣,作蔬菜食用而不作为调味料。由于它翠绿鲜艳,新培育出来的品种还有红、黄、紫等多种颜色,因此不但能自成一菜,还被广泛用于配菜。青椒由原产中南美洲热带地区的辣椒在北美演化而来,长期栽培驯化和人工选择,使果实发生体积增大、果肉变厚、辣味消失等性状变化。中国于 100 多年前引入,现全国各地普遍栽培,青椒含有丰富的维生素 C。

```
58.      </div >
59.      < div class = "cell" >
60.          < babylon model = "https://ilab - oss. arvroffer.com/WebXR/course/glb/pepper2.glb" >
61.          </babylon >
62.      </div >
63.      < div class = "cell" >
```

64.　　　　国内甜椒种子较多,表现突出的为进口品种荷椒 13。在山西、山东、内蒙古、吉林、黑龙江等地均有大面积种植,是出口选型的优良品种。

65.　该品种是国际甜椒种子中优秀品种,一代杂交种,中早熟,大果形品种,果实方灯笼形。连续坐果率高,四心室率高。果实整齐度高,味甜,果肉厚 0.8cm 左右,果横径 10～11cm,纵径 12～13cm。果色较深绿,熟果转红色,果面光亮,单果重 300～400g,最大可达 600g。高产品种,抗各种病害,适应性强。在国内大部分地区都有种植。果形大,产量高。果形方正,是市场或加工的理想品种。

```
66.      </div >
67.      < div class = "cell" >
68.          < babylon model = " https://ilab - oss. arvroffer.com/WebXR/course/glb/pepper3.
glb" >
69.              < vr object - scale - factor = "1" >
70.              </vr >
71.              < templates >
72.                  < nav - bar >
73.                      < params hide - vr = "false" ></params >
74.                  </nav - bar >
75.              </templates >
76.          </babylon >
```

```
77.        </div>
78.        < div class = "cell">
79.          温度要求:适应温度范围为15～35℃,适宜的温度范围为25～28℃,发芽温度为28～30℃。
80.          水分条件:喜湿润,怕旱涝,要求土壤湿润而不积水。
81.          光照条件:对光照要求不严,光照强度要求中等,每天光照10～12h,有利于开花结果。青椒的
生长发育需要充足的营养条件,每生产1000kg青椒,需氮2kg、磷1kg、钾1.45kg,同时还需要适量的
钙肥。对土壤的要求,以潮湿易渗水的沙壤土为好,土壤的酸碱度以中性为宜,微酸性也可。
82.        </div>
83.  </body>
84.  </html>
```

## 3.2　场景创建

场景(Scene)表示一个虚拟的场地,一般由环境、房间、道具、角色等共同组成一个虚拟的场景,在有些游戏引擎或3D框架中也叫作舞台(Stage)。总之,从3D的角度来说,场景就是将一些网格(Mesh)放在一起供用户观看,并且会在其中加入相机(Camera)和灯光(Light)让用户能够看到。当然,除了上述提到的之外,场景可能还会包含一些别的元素,例如GUI用户界面,让用户能够与场景产生交互,下面正式开始场景的学习。

### 3.2.1　快速创建场景

首先,需要打开Babylon.js在线开发工具Playground。可以进入Babylon.js官方网站,在首页菜单选项卡中选择TOOLS→PLAYGROUND即可进入Playground,如图3.4所示。

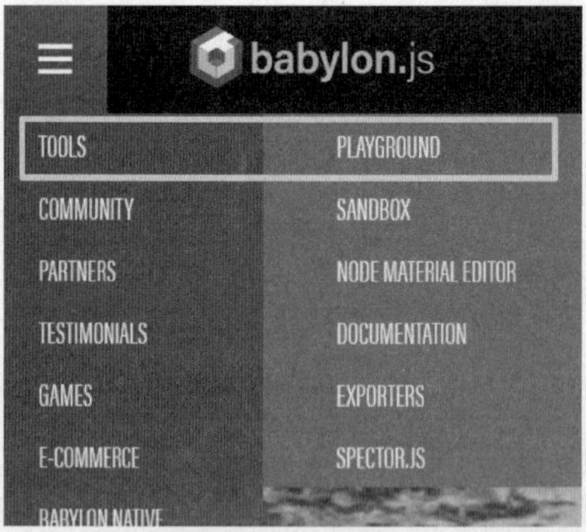

图3.4　进入Babylon.js的在线开发工具Playground

Playground是Babylon.js提供的在线编码工具,使得开发者可以直接在网页上实现代码的编写、调试、下载等功能,如图3.5所示。

Playground的开发界面分为顶部、左半部分和右半部分,顶部的主要的功能如下。

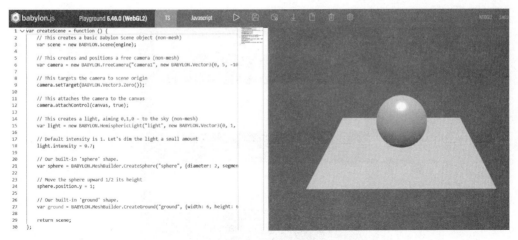

图 3.5 使用在线开发工具编辑代码

### 1. 语言切换

Babylon.js 支持 TypeScript(简称 TS)和 JavaScript(简称 JS)两种语言开发模式的切换,默认情况下选择的是 JavaScript。如果大家喜欢采用 TS 开发,则可以切换至 TS 选项下进行代码的编写工作。如无特殊说明,本书所有的案例代码实现都是采用 JS 编写。如果要进行编程语言的切换,只需要单击 TS 按钮即可,如图 3.6 所示。

图 3.6 编程语言切换

### 2. 运行

单击运行按钮,则开始执行当前场景中的脚本,并在画面右半部分显示运行结果,如图 3.7 所示。

图 3.7 运行按钮

### 3. 保存

由于 Playground 是基于 Web 的,因此单击保存按钮并不会将当前的工程保存至本地,而是会保存至官方服务器,如图 3.8 所示。

图 3.8 保存按钮

开发者单击保存按钮后,会弹出对话框提示用户输入一些与项目相关的信息,如图 3.9 所示。

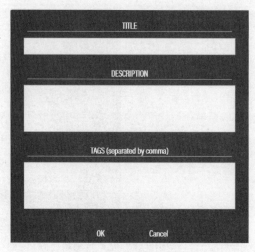

图 3.9　输入项目工程信息

输入完成后单击 OK 按钮,则会在服务器端生成一个代表当前工程的唯一 ID,用户只需要记录页面的 ID 即可随时进入工程继续编写,如图 3.10 所示。

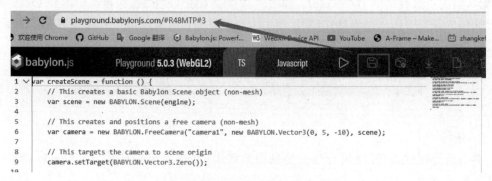

图 3.10　基于用户 ID 的项目工程识别机制

图 3.10 中的♯R48MTP♯3 代表当前工程的 ID,第一个♯后面为项目 ID,第二个♯后面为版本号,也就是说,用户对网页进行修改之后,再次单击保存按钮或按下 Ctrl＋S 快捷键,则会保存一个新的版本。

#### 4. Inspector(信息监视)面板

如图 3.11 所示,单击最上方工具栏中的 Inspector 按钮,可以打开 Inspector 面板。

图 3.11　工具栏中的 Inspector 按钮

打开该面板后,首先可以看出主窗体分为了 3 部分:最左侧是代码区,中间是场景区,最右侧才是打开的 Inspector 面板区。在 Inspector 面板区域中可以看到场景的节点信息、材质信息、动画信息等,这些信息有助于开发者进行调试。该功能在场景中有较多元素时比较有用。在图 3.12 中可以看到屏幕右侧的 INSPECTOR 面板中列出了 Nodes(节点)列表、Materials(材质)列表、Textures(纹理)列表等。

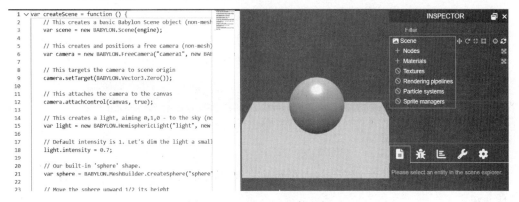

图 3.12　Inspector 组件面板

例如,单击 Scene 下的 Nodes 节点前面的"+"进行节点的展开,可以看到当前场景中的所有物体对象,可以看到,在默认情况下,场景中存在一个相机 camera1、一个平面 ground、一个灯光 light 和一个球体 sphere,如图 3.13 所示。

图 3.13　在 Inspector 面板中查看详细的物体对象

### 5. 下载

单击下载按钮,如图 3.14 所示,可以将当前的代码打包下载至本地,因为开发的 Web 应用在大部分情况下都需要进行独立的部署或交付,因此需要将页面下载至本地,Babylon 会将整个 HTML 页面进行下载。

图 3.14　项目下载按钮

### 6. 新建

单击新建按钮即可新建一个项目,如图 3.15 所示。

图 3.15　新建按钮

### 7. 清除

单击清除代码按钮,如图 3.16 所示,即可清除当前页面上的代码。

图 3.16　清除代码按钮

### 8. 设置

单击设置按钮,如图 3.17 所示,即可对项目进行设置,包括页面的主题、字体大小、全屏设置等。

图 3.17　设置按钮

熟悉了 Playground 开发环境后,接下来开始编写代码来快速创建场景,在场景中添加一个 Box 立方体。

```
1.   var createScene = function() {
2.       var scene = new BABYLON.Scene(engine);
3.       var box = BABYLON.MeshBuilder.CreateBox("box", {});
4.       scene.createDefaultCameraOrLight(true, true, true);
5.       scene.createDefaultEnvironment();
6.       return scene;
7.   };
```

上述代码的执行结果如图 3.18 所示。

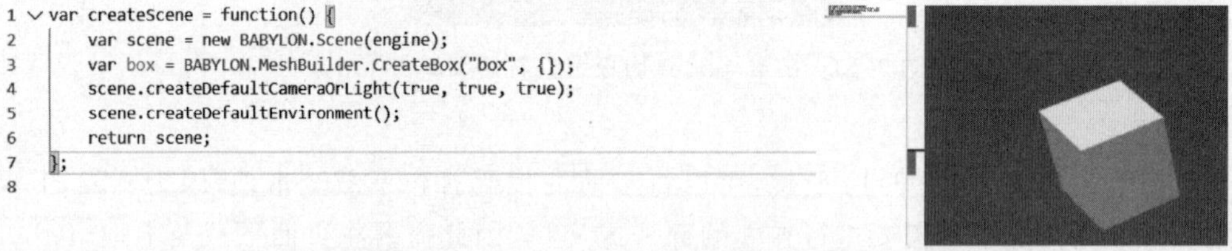

```
1 ∨ var createScene = function() {
2       var scene = new BABYLON.Scene(engine);
3       var box = BABYLON.MeshBuilder.CreateBox("box", {});
4       scene.createDefaultCameraOrLight(true, true, true);
5       scene.createDefaultEnvironment();
6       return scene;
7    };
8
```

图 3.18　案例执行效果

## 3.2.2　场景创建 API 说明

通过上述操作,我们发现右侧 Scene 场景创建了一个立方体,同时用户可以使用鼠标拖动让立方体进行旋转,按住鼠标右键可以移动立方体。下面介绍通过上述代码创建一个基础场景的步骤。

## 1．创建场景

在 HTML 中调用 createScene()函数,并对场景进行渲染。该函数是 Playground 预留的需要开发者自己进行实现的一个函数。开发者不需要对函数的名字、返回值等进行修改,只需要在函数体中添加对应的代码即可。

## 2．初始化空场景

使用下述代码初始化一个空场景:

```
var scene = new BABYLON.Scene(engine);
```

## 3．创建默认的摄像头和灯光

使用函数 createDefaultCameraOrLight()创建默认的摄像头和灯光。当创建了 scene 对象后,就可以调用 scene 中的接口函数对场景进行一系列的操作。对于函数 createDefaultCameraOrLight()来说,从函数的名称可知这个函数完成了两件事情,即创建相机和创建灯光,说明该函数并不是一个功能单一的函数,而是一个合并后为了用户方便使用的一个复合函数,可以通过其 API 文档来查看该函数都有哪些参数,这些参数的作用是什么,如图 3.19 所示。

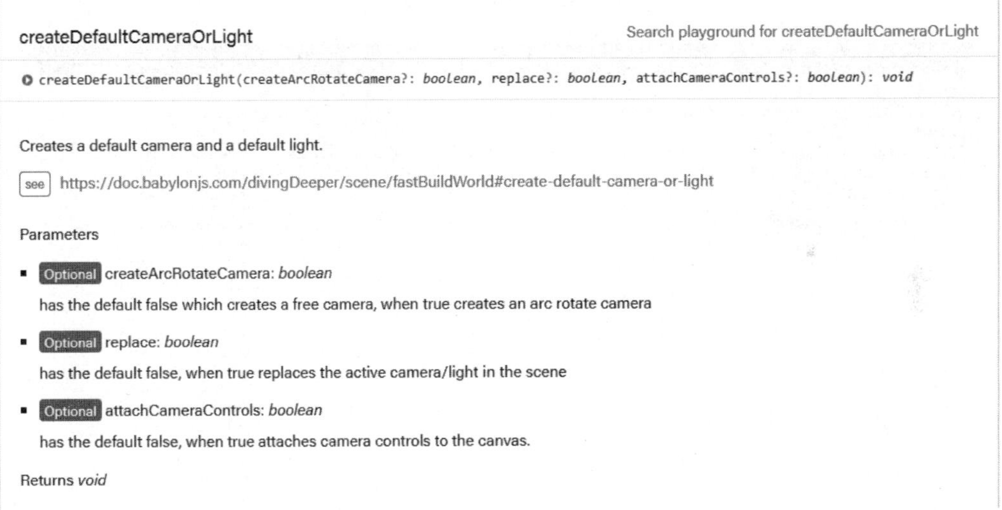

图 3.19　查看函数的 API 文档

由图 3.19 可以看到该函数包含 3 个参数,均为 boolean 类型,依次为:

(1) 是否创建 ArcRotateCamera(该相机会在后面专门介绍);

(2) 是否替换当前场景中的 camera 或 light;

(3) 是否允许控制相机。

从上述代码中可以看到本次传递的参数都是 true。

## 4．创建物体对象

通过 MeshBuilder.createBox()方法创建一个立方体,并添加至场景中。

**5. 创建默认环境**

createDefaultEnvironment()函数用来创建默认环境,Babylon.js默认的环境包含了一个圆形的地面,用户对于环境的设置可以通过传入配置参数来实现。后续章节将进一步讲解环境的设置。

要查看函数的 API 文档,可以在 Babylon.js 官网首页选择 TOOLS→DOCUMENTATION,然后选择左侧的 API 选项,在右侧的窗口中就可以看到要查询的命名空间、类、变量、接口、函数等,也可以在左侧单击 Search 选项进行指定的搜索,如图 3.20 所示。

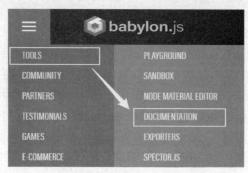

(a) 选择DOCUMENTATION选项

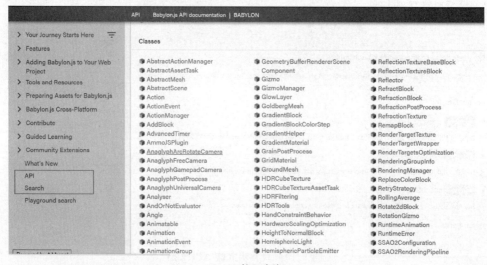

(b) API接口查询

图 3.20 访问 API 文档

## 3.3 场景灯光

3.2 节介绍了场景的快速创建方法,其中调用了场景中提供的一个接口来创建相机和灯光,实际上可以由开发者自己来控制创建灯光的数量,以及创建何种灯光。灯光在场景中非常重要,会直接影响到场景中创建的 Mesh 的显示效果,包括照明和颜色等。在 Babylon.js 中,场景默认允许创建的灯光数量为 4 个,但是也可以根据开发者的需求增加。图 3.21 展示了一个球体在受到多个灯光照射后的显示效果。

图 3.21 场景灯光照射效果

## 3.3.1 灯光的类型

在 Babylon.js 中提供了 4 种类型的灯光,每种灯光都有自己的特点和适用的场景,接下来逐一进行介绍。

### 1. 点光源(Point Light)

点光源是能够模拟在三维空间中由一个点向四周散射的一种光源,类似于生活中的电灯泡,光会从各个方向进行传播。创建点光源的示例代码如下:

```
1.  var light = new BABYLON.PointLight("pointLight", new BABYLON.Vector3(1, 10, 1), scene);
```

### 2. 方向光(Directional Light)

方向光是指光从指定的一个方向发射而来,并且具有无限的范围,也就是说,方向光会沿着某个方向照亮场景中的所有区域,可以想象方向光类似于太阳光,但是太阳光是有固定方向的,比如地球上的太阳光,自然是从太阳发射出来的那个方向的光。方向光的创建方式如下:

```
1. var light = new BABYLON.DirectionalLight("DirectionalLight", new BABYLON.Vector3(0, -1, 0), scene);
```

### 3. 聚光灯(Spot Light)

聚光灯是由位置、方向、角度和指数定义的光源类型,表示一个从某位置朝着某方向发射的一束光锥,类似于生活中使用的手电筒,其中有两个参数值得特别说明:一个是角度,聚光灯的角度表示光锥的大小,其单位是以弧度表示;另一个是指数,指数定义了光随着距离传播时衰减的速度。这里与方向光不同,方向光并不会随着距离衰减,而聚光灯可以定义衰减的指数。聚光灯的创建方式如下:

```
1. var light = new BABYLON.SpotLight("spotLight", new BABYLON.Vector3(0, 30, -10), new BABYLON.Vector3(0, -1, 0), Math.PI / 3, 2, scene);
```

### 4. 半球光(Hemispheric Light)

半球光是一个模拟环境灯光的简单方法,半球光定义一个方向,通常向上朝向天空,通过设置颜色等属性才能实现完整的效果。

```
1.  var light = new BABYLON.HemisphericLight("HemiLight", new BABYLON.Vector3(0, 1, 0), scene);
```

上述介绍的 4 种类型的灯光,其颜色属性都包括自发光、漫反射和镜面反射。重叠的灯光会与我们期望的那样相互作用,例如,红、绿、蓝 3 种颜色的光重叠会产生白光,每一盏灯都可以打开、关闭,每个灯光的强度也可以设置为 0~1 的值。

### 3.3.2 灯光颜色的设置

灯光的 3 个属性会影响颜色,首先是 ground color(地面颜色),仅适用于半球光;另外两种颜色的属性分别为:

(1) diffuse color——漫反射颜色,漫反射为对象提供基本的颜色;

(2) specular color——高光,高光使对象上产生高光斑点或亮斑。

上述两种颜色属性运用于所有 4 种类型的灯光。

如图 3.22 展示了一个方向光照亮一个球体,方向光的漫反射颜色为红色,高光颜色为绿色,最终可以看到在右侧三维场景中一个红色的球体,以及绿色的亮斑。

图 3.22　添加多种灯光后的球体

实现该效果的相关代码如下:

```
1.   var createScene = function () {
2.   var scene = new BABYLON.Scene(engine);
3.   var camera = new BABYLON.ArcRotateCamera("Camera", - Math.PI / 2,  Math.PI / 2, 5, BABYLON.Vector3.Zero(), scene);
4.   camera.attachControl(canvas, true);
5.   var light = new BABYLON.DirectionalLight("DirectionLight",new BABYLON.Vector3(0, - 1, 0),scene);
6.   light.diffuse = new BABYLON.Color3(1,0,0);
7.   light.specular = new BABYLON.Color3(0,1,0);
8.   var sphere = BABYLON.MeshBuilder.CreateSphere("sphere",{},scene);
9.   return scene;
10.  };
```

图 3.23　两个聚光灯的照射效果

如图 3.23 所示,展示两个聚光灯的照射效果,其中一个聚光灯的漫反射颜色和高光颜色均为绿色,因此无法明显地看到其亮斑在什么位置;另一个聚光灯打出的漫反射颜色为红色,高光颜色为绿色,可以看到左下角明显的亮斑,而且亮斑的颜色为红色与绿色经过叠加之后的颜色,即黄色,这也验证了前面提到的多个颜色混合的效果。

下面通过另一段代码展示光的颜色之间的混合以及混合的结果。

```
1.   var createScene = function () {
2.      var scene = new BABYLON.Scene(engine);
3.      var camera = new BABYLON.ArcRotateCamera("Camera", - Math.PI / 2,  Math.PI / 4, 5,
BABYLON.Vector3.Zero(), scene);
4.      camera.attachControl(canvas, true);
5.
6.      //红色光
7.      var light = new BABYLON.SpotLight("spotLight", new BABYLON.Vector3( - Math.cos(Math.
PI/6), 1 , - Math.sin(Math.PI/6)), new BABYLON.Vector3(0, - 1, 0), Math.PI / 2, 1.5, scene);
8.      light.diffuse = new BABYLON.Color3(1, 0, 0);
9.
10.     //绿色光
11.     var light1 = new BABYLON.SpotLight("spotLight1", new BABYLON.Vector3(0, 1, 1 - Math.
sin(Math.PI / 6)), new BABYLON.Vector3(0, - 1, 0), Math.PI / 2, 1.5, scene);
12.     light1.diffuse = new BABYLON.Color3(0, 1, 0);
13.
14.     //蓝色光
15.  var light2 = new BABYLON.SpotLight("spotLight2", newBABYLON.Vector3(Math.cos(Math.PI/
6), 1, - Math.sin(Math.PI/6)), new BABYLON.Vector3(0, - 1, 0), Math.PI / 2, 1.5, scene);
16.     light2.diffuse = new BABYLON.Color3(0, 0, 1);
17.
18.     var ground = BABYLON.MeshBuilder.CreateGround("ground", {width: 4, height: 4}, scene);
19.
20.     return scene;
21.
22.  };
```

上述代码创建了一个地面的 Mesh,同时创建了 3
个聚光灯来照射地面,这 3 个聚光灯的漫反射颜色分
别为红、绿、蓝(对光学有基本认识的读者一定知道这
3 个颜色代表什么),这 3 束光通过位置的设置而两两
相交,最终得到如图 3.24 所示的效果。

## 3.3.3 灯光开关和调光器

图 3.24  3 束光两两相交的效果

### 1. 灯光的开关
每一种灯光都可以通过代码打开或者关闭,具体打开或者关闭的实现方式如下:

```
1.   light.setEnabled(false);
```

给上述代码传入 true 表示打开灯光,传入 false 表示关闭灯光。

### 2. 灯光的强度
当想要调亮或者调暗灯光的时候,可以设置灯光的 indensity 属性,赋值越大,灯光越
强;反之亦然。默认情况下,该属性的取值为 1。

```
1.   light0.intensity = 0.5;
2.   light1.intensity = 2.4;
```

**3. 灯光的范围**

对于点光源和聚光灯,可以设置 range 属性来限制灯光能够到达的距离。

## 3.4 场景阴影

在开始介绍本节具体内容之前,先看一下图 3.25。图 3.25 中的场景包含一个类似于丘陵的地面地形、一个运动的圆环和地形上方的两盏灯。最后圆环在运动的过程中,会实时、动态地在地面上投射出阴影效果。

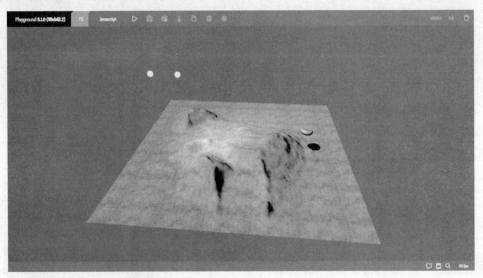

图 3.25　场景阴影效果

图 3.25 中的阴影效果如何实现,就是本节要介绍的内容。

### 3.4.1　阴影生成

在 Babylon.js 中使用阴影生成器(Shadow Generator)很容易生成阴影。阴影生成器是一个能够从灯光的角度来生成阴影纹理的工具。阴影生成器有两个参数,分别为阴影纹理的大小以及用于阴影纹理计算的光源。下面给出创建阴影的示例代码。

```
1.  var shadowGenerator = new BABYLON.ShadowGenerator(1024, light);
```

然后必须要定义渲染的阴影,比如想要渲染圆环的阴影,那就可以向阴影纹理的渲染列表中添加圆环,代码如下:

```
1.  shadowGenerator.getShadowMap().renderList.push(torus);
```

最后,必须要定义阴影显示的位置,将其接收阴影的属性设置为 true。

```
1.  ground.receiveShadows = true;
```

满足上述 3 个条件后，就可以在场景中看到阴影了。要想让阴影看起来效果更好，可以激活阴影过滤功能，通过去除阴影的硬边来获得一个更好看的阴影。

Babylon.js 提供了 3 种过滤器，可以选择任何一种进行尝试。

**1. 泊松采样过滤**

```
1.   shadowGenerator.usePoissonSampling = true;
```

**2. 指数阴影纹理**

```
1.   shadowGenerator.useExponentialShadowMap = true;
```

**3. 模糊指数阴影纹理**

```
1.   shadowGenerator.useBlurExponentialShadowMap = true;
```

通过上述方式能够实现软阴影的效果，当然这种阴影的效果会更加消耗渲染资源，软阴影的效果如图 3.26 所示。

### 3.4.2　透明物体和阴影

要让透明的物体投射阴影，必须在阴影生成器上打开 transparentShadow 属性，如图 3.27 所示为透明物体投射阴影的效果。

图 3.26　软阴影效果

图 3.27　透明物体投射阴影效果

### 3.4.3　灯光与阴影的关系

灯光与阴影可以说是既互相独立又紧密联系的，没有灯光就无法生成阴影，但是在生成阴影的过程中，有一些规则和需要特别注意的地方。

（1）只有点光源（Point Light）、方向光（Directional Light）、聚光灯（Spot Light）可以投射阴影，其他的光源是无法投射阴影的。

（2）一个阴影生成器只能供一个灯光使用，如果多个灯光都会投射阴影，则需要分别为每个灯光创建一个阴影生成器。

（3）点光源使用立方体纹理 Cubemaps 来渲染，因此在使用点光源的时候需要注意性能问题。

（4）聚光灯使用透视投影来计算阴影纹理。

(5) 定向灯使用正交投影。自动评估灯光的位置，以获得最佳的阴影纹理，可以通过关闭 light.autoUpdateExtends 来控制此行为。

### 3.4.4 体积光散射后处理

BABYLON.VolumetricLightScatteringPostProcess 是一个后处理功能，它将根据光源网格计算光散射，具体的使用方法如下：

```
1.    var vls = new BABYLON.VolumetricLightScatteringPostProcess ('vls', 1.0, camera,
lightSourceMesh, samplesNum, BABYLON.Texture.BILINEAR_SAMPLINGMODE, engine, false);
```

上述接口中每一个参数的含义如下：

(1) name {string}——后处理名称。

(2) ratio {any}——后处理和/或内部通道的大小(0.5 意味着后处理将具有宽度＝canvas.width×0.5 和高度＝canvas.height×0.5)。

(3) camera {BABYLON.Camera}——后处理将附加到的相机。

(4) lightSourceMesh{BABYLON.Mesh}——用作光源的网格，以创建光散射效果(例如，具有模拟太阳纹理的广告牌)。

(5) samplesNum{number}——后处理质量，默认值为 100。

(6) samplingMode{number}——后处理过滤模式。

(7) engine{BABYLON.Engine}——巴比伦引擎。

(8) reusable{boolean}——如果在后处理中需要重用，那么就将其值设置为 true。

(9) 场景{BABYLON.Scene}——如果相机参数为空(在渲染管道中添加后处理)，则需要场景来配置内部通道。

通过体积光散射后处理，可以实现如图 3.28 所示的光照效果。

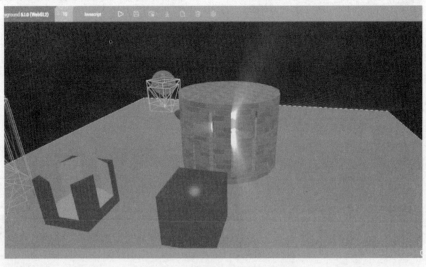

图 3.28　体积光散射后处理效果

## 3.5　场景交互

### 3.5.1　如何在场景中进行交互

交互在软件中必不可少,尤其在三维场景中的交互则显得更加重要。目前,在很多 XR 设备中出现了新型的、更加自然化的交互,例如手柄的交互、触摸、眼球跟踪、收拾识别、动作识别等,交互的类型多样,交互的方式也发生了翻天覆地的变化。本节还是围绕三维场景中主要的两种交互——键盘和鼠标的交互来展开。当然,场景交互还支持 GUI、游戏手柄、触摸屏等其他形式。

### 3.5.2　键盘的交互

下面的代码展示了在场景中如何监听键盘输入的事件。

```
1.  scene.onKeyboardObservable.add((kbInfo) => {
2.    switch (kbInfo.type) {
3.      case BABYLON.KeyboardEventTypes.KEYDOWN:
4.        console.log("KEY DOWN: ", kbInfo.event.key);
5.        break;
6.      case BABYLON.KeyboardEventTypes.KEYUP:
7.        console.log("KEY UP: ", kbInfo.event.code);
8.        break;
9.    }
10. });
```

键盘输入的枚举类型包含 KEYDOWN 和 KEYUP 两种事件,用于监听按键按下和按键抬起,实际上在很多引擎中还会额外提供控制按键按住时间的属性,当然在这里可以自己实现按住事件的逻辑。

### 3.5.3　鼠标的交互

下面的代码展示了如何在场景中监听鼠标事件。

```
1.  scene.onPointerObservable.add((pointerInfo) => {
2.    switch (pointerInfo.type) {
3.      case BABYLON.PointerEventTypes.POINTERDOWN:
4.        console.log("POINTER DOWN");
5.        break;
6.      case BABYLON.PointerEventTypes.POINTERUP:
7.        console.log("POINTER UP");
8.        break;
9.      case BABYLON.PointerEventTypes.POINTERMOVE:
10.       console.log("POINTER MOVE");
11.       break;
```

```
12.        case BABYLON.PointerEventTypes.POINTERWHEEL:
13.          console.log("POINTER WHEEL");
14.          break;
15.        case BABYLON.PointerEventTypes.POINTERPICK:
16.          console.log("POINTER PICK");
17.          break;
18.        case BABYLON.PointerEventTypes.POINTERTAP:
19.          console.log("POINTER TAP");
20.          break;
21.        case BABYLON.PointerEventTypes.POINTERDOUBLETAP:
22.          console.log("POINTER DOUBLE - TAP");
23.          break;
24.    }
25. });
```

上述鼠标事件包含鼠标按下、鼠标抬起、鼠标移动、鼠标滚轮、鼠标选取、鼠标单击以及鼠标双击事件,鼠标事件与键盘事件有所不同,因为键盘没有位置信息,每个键盘包含了一个键盘码,而鼠标还包含位置信息。因此,在监听给定事件的时候,还可以得到 pointerInfo 这样一个数据结构,然后在这个数据结构中获取想要的事件信息。

# 3.6　相机

在 Babylon.js 的众多相机中,最为常用的应该是用于第一人称运动的通用相机 UniversalCamera 和轨道相机 ArcRotateCamera,以及用于虚拟现实体验的 WebXRCamera。

## 3.6.1　通用相机

通用相机是在 Babylon.js 2.3 引入的,用于由键盘、鼠标、触摸屏、游戏控制器等进行控制,具体取决于用户到底在使用哪种输入设备。通用相机的支持将会取代 FreeCamera、TouchCamera 以及 GamepadCamera,因为通用相机对这几类相机进行了集成,但上述几种相机依然是可以使用的。

目前通用相机是 Babylon.js 的默认相机,如果要在场景中使用类似于 FPS 的控制功能,则可以使用该相机,Babylon.js 官网演示的案例大多使用该相机。如果将 XBox 控制器插入 PC,则可以使用大部分该相机的演示功能。

通用相机的默认操作是:

(1) 键盘——通过左右方向键进行左右移动相机,通过上下方向键前后移动相机。

(2) 鼠标——以相机为原点围绕轴旋转相机。

(3) 触摸——左右滑动可左右移动相机,上下滑动可前后移动相机。

(4) 鼠标滚轮——鼠标上的滚轮或触摸板上的滚动动作。

那么如何去构建一个通用相机呢? 下面就是一个创建和使用通用相机的例子,请读者自行执行并观察效果。

```
1.   var createScene = function () {
2.       //创建基本的 Babylon 场景对象
3.       var scene = new BABYLON.Scene(engine);
4.
5.       //创建并定位一个通用相机
6.        var camera = new BABYLON.UniversalCamera("UniversalCamera", new BABYLON.Vector3(0, 5,
-10), scene);
7.
8.       //启用鼠标滚轮的输入
9.       camera.inputs.addMouseWheel();
10.
11.      //通过鼠标滚轮 Y 轴的输入来控制相机在场景中的高度(根据实际情况启用或者禁用)
12.      //camera.inputs.attached["mousewheel"].wheelYMoveRelative = BABYLON.Coordinate.Y;
13.
14.      //反转鼠标 Y 轴的朝向
15.      // camera.inputs.attached["mousewheel"].wheelPrecisionY = -1;
16.
17.      //定位相机在场景中的初始位置(坐标原点)
18.      camera.setTarget(BABYLON.Vector3.Zero());
19.
20.      //将相机附加到画布
21.      camera.attachControl(true);
22.
23.  //创建一个半球光,坐标为(0,1,0),添加至场景中
24.      var light = new BABYLON.HemisphericLight("light", new BABYLON.Vector3(0, 1, 0), scene);
25.
26.      //默认灯光强度为 1,让我们把灯光调暗一点
27.      light.intensity = 0.7;
28.
29.      //创建一个球体
30.      var sphere = BABYLON.MeshBuilder.CreateSphere("sphere",{diameter: 2, segments: 32}, scene);
31.
32.      //将球体向上移动其高度的 1/2
33.      sphere.position.y = 1;
34.
35.      //场景中添加一个 ground 地面(宽度和高度均为 6)
36.      var ground = BABYLON.MeshBuilder.CreateGround("ground", {width: 6, height: 6}, scene);
37.
38.      return scene;
39.
40.  };
```

## 3.6.2　轨道相机

　　轨道相机始终会朝着给定的目标位置运动,并且可以以目标为中心旋转。开发者可以使用光标和鼠标来控制相机,也可以使用触摸事件来控制。可以将这个相机想象成是一个围绕着地球运行的卫星(这是为何被叫作轨道相机的原因),它相对于"地球"的位置可以通

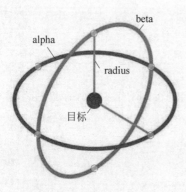

过 3 个参数来进行设置。

(1) alpha：纵向旋转，以弧度为单位。

(2) beta：维度旋转，以弧度为单位。

(3) radius：半径，指相机到目标的距离。

图 3.29 展示了轨道相机的工作原理。

由于一些技术原因，将 beta 的值设置为 0 或 PI 可能会导致一些问题，因此在这种情况下，beta 会偏移 0.1 弧度。其中 beta 的值为顺时针增加，而 alpha 的值为逆时针方向增加。

图 3.29 轨道相机工作原理

当然也可以通过向量 Vector 来设置相机的位置，该值会自动覆盖 alpha、beta 以及 radius 的值，这种方式比计算所需角度容易很多。在用户交互时，无论是使用键盘、鼠标还是滑动，左右方向的操作都会改变 alpha 的值，而上下方向的操作为改变 beta 的值。下面的例子具体展示了如何构造和使用一个轨道相机。

```
1.  var createScene = function () {
2.
3.      //创建一个基本的 Babylon 场景对象
4.      var scene = new BABYLON.Scene(engine);
5.
6.  / ********** 轨道相机案例 ************************* /
7.
8.      //创建轨道相机添加至场景中
9.      var camera = new BABYLON.ArcRotateCamera("Camera", 0, 0, 10, new BABYLON.Vector3(0, 0, 0), scene);
10.
11.     //设置相机的位置
12.     camera.setPosition(new BABYLON.Vector3(0, 0, -10));
13.
14.     //将相机附加至画布中
15.     camera.attachControl(canvas, true);
16.
17.     / ******************************************************* /
18.
19. //创建一个半球光,坐标为(0,1,0),添加至场景中
20.     var light = new BABYLON.HemisphericLight("light", new BABYLON.Vector3(0, 1, 0), scene);
21.
22.     //材质的设置
23.     var redMat = new BABYLON.StandardMaterial("red", scene);
24.     redMat.diffuseColor = new BABYLON.Color3(1, 0, 0);
25.     redMat.emissiveColor = new BABYLON.Color3(1, 0, 0);
26.     redMat.specularColor = new BABYLON.Color3(1, 0, 0);
27.
28.     var greenMat = new BABYLON.StandardMaterial("green", scene);
29.     greenMat.diffuseColor = new BABYLON.Color3(0, 1, 0);
30.     greenMat.emissiveColor = new BABYLON.Color3(0, 1, 0);
```

```
31.    greenMat.specularColor = new BABYLON.Color3(0, 1, 0);
32.
33.    var blueMat = new BABYLON.StandardMaterial("blue", scene);
34.    blueMat.diffuseColor = new BABYLON.Color3(0, 0, 1);
35.    blueMat.emissiveColor = new BABYLON.Color3(0, 0, 1);
36.    blueMat.specularColor = new BABYLON.Color3(0, 0, 1);
37.
38.    //添加一个平面对象,并附加材质
39.    var plane1 = BABYLON.MeshBuilder.CreatePlane("plane1", {size: 3, sideOrientation:
BABYLON.Mesh.DOUBLESIDE}, scene);
40.    plane1.position.x = -3;
41.    plane1.position.z = 0;
42.    plane1.material = redMat;
43.
44.    var plane2 = BABYLON.MeshBuilder.CreatePlane("plane2", {size: 3, sideOrientation:
BABYLON.Mesh.DOUBLESIDE});
45.    plane2.position.x = 3;
46.    plane2.position.z = -1.5;
47.    plane2.material = greenMat;
48.
49.    var plane3 = BABYLON.MeshBuilder.CreatePlane("plane3", {size: 3, sideOrientation:
BABYLON.Mesh.DOUBLESIDE});
50.    plane3.position.x = 3;
51.    plane3.position.z = 1.5;
52.    plane3.material = blueMat;
53.
54.     var ground = BABYLON.MeshBuilder.CreateGround("ground1", {width: 10, height: 10,
subdivisions: 2}, scene);
55.
56.    return scene;
57.
58. };
```

上述案例的执行结果如图 3.30 所示。

图 3.30　案例实现效果

## 3.6.3　跟随相机

顾名思义,跟随相机(Follow Camera)需要一个目标网格,相机的位置将会跟随网格的

位置移动至目标的相对位置,当目标物体移动时,相机也会跟随移动。相机主要受以下3个参数的控制。

(1) radius:半径,指相机与目标物体(模型)的距离。

(2) heightOffset:相对于目标上方的高度。

(3) rotationOffset:在 $XOY$ 平面上,目标旋转的角度。

可通过设置加速度将相机移动到目标的速度设置为最大。下面的代码示例展示了如何使用跟随相机。

```
1.   var createScene = function () {
2.
3.       //创建一个基本的 Babylon 场景
4.       var scene = new BABYLON.Scene(engine);
5.
6.   /********** 跟随相机举例 ************************* /
7.
8.       //创建一个跟随相机,并且定位初始位置
9.       var camera = new BABYLON.FollowCamera("FollowCam", new BABYLON.Vector3(0, 10, -10), scene);
10.
11.      //相机与目标模型的距离
12.      camera.radius = 30;
13.
14.      //相机高度与目标模型的高度差
15.      camera.heightOffset = 10;
16.
17.      //相机在 xoy 平面内围绕目标的局部原点旋转值
18.      camera.rotationOffset = 0;
19.
20.      //相机从当前位置移动到目标位置的加速度
21.      camera.cameraAcceleration = 0.005
22.
23.      //最大加速值
24.      camera.maxCameraSpeed = 10
25.
26.      //在此处设置相机的目标网格(启用或者禁用)
27.      //camera.target = targetMesh;
28.      //将相机附加到画布中
29.      camera.attachControl(canvas, true);
30.
31.      / *********************************************************** /
32.
33.   //创建一个半球光,坐标为(0,1,0),添加至场景中
34.      var light = new BABYLON.HemisphericLight("light", new BABYLON.Vector3(0, 1, 0), scene);
35.
36.      //材质(准备精灵图像所需的图片)
37.      var mat = new BABYLON.StandardMaterial("mat1", scene);
38.      mat.alpha = 1.0;
39.      mat.diffuseColor = new BABYLON.Color3(0.5, 0.5, 1.0);
40.      var texture = new BABYLON.Texture("https://i.imgur.com/vxH5bCg.jpg", scene);
```

```
41.        mat.diffuseTexture = texture;
42.
43.        //立方体的每一侧都有不同的面,以显示相机旋转
44.        var hSpriteNb =  3;                    // 精灵图像水平 3 列
45.        var vSpriteNb =  2;                    // 精灵图像垂直 2 行
46.
47.        var faceUV = new Array(6);
48.
49.        for (var i = 0; i < 6; i++) {
50.            faceUV[i] = new BABYLON.Vector4(i/hSpriteNb, 0, (i + 1)/hSpriteNb, 1 / vSpriteNb);
51.        }
52.
53.        //通过上述的精灵图像创建立方体并赋予材质
54.        var box = BABYLON.MeshBuilder.CreateBox("box", {size: 2, faceUV: faceUV }, scene);
55.        box.position = new BABYLON.Vector3(20, 0, 10);
56.        box.material = mat;
57.
58.        //创建固体粒子系统,以显示立方体和相机的运动
59.        var boxesSPS = new BABYLON.SolidParticleSystem("boxes", scene, {updatable: false});
60.
61.        //设置立方体粒子位置函数
62.        var set_boxes = function(particle, i, s) {
63.            particle.position = new BABYLON.Vector3( - 50 + Math.random() * 100, - 50 + Math.
       random() * 100, - 50 + Math.random() * 100);
64.        }
65.
66.        //添加 400 个立方体
67.        boxesSPS.addShape(box, 400, {positionFunction:set_boxes});
68.        var boxes = boxesSPS.buildMesh();        // 立方体的 mesh
69.
70.    / ***************** 为相机设置目标 ********************* /
71.        camera.lockedTarget = box;
72.        / ************************************************************* /
73.
74.
75.        //立方体移动变量
76.        var alpha = 0;
77.        var orbit_radius = 20
78.
79.
80.        //移动立方体让相机跟随它
81.        scene.registerBeforeRender(function () {
82.         alpha += 0.01;
83.         box.position.x = orbit_radius * Math.cos(alpha);
84.         box.position.y = orbit_radius * Math.sin(alpha);
85.         box.position.z = 10 * Math.sin(2 * alpha);
86.
87.        //随着相机跟随立方体改变相机的视角
88.         camera.rotationOffset = (18 * alpha) % 360;
```

```
89.    });
90.
91.    return scene;
92.
93. };
```

上述代码的执行结果如图 3.31 所示。相机将会跟随图中红色方框内的物体进行运动。

图 3.31　跟随相机实现效果

## 3.7　动画

　　无论开发者制作的是一款游戏,还是一款 AR/VR/MR 的应用,动画都是举足轻重的部分。一个 3D 场景,因为有了动画,才会有栩栩如生的效果,从而更加吸引用户在场景中漫游或互动。本节将为大家讲解在 Babylon.js 中动画的使用。

　　如图 3.32 所示的序列图像很好地展示了一段动画的原理。顺序播放每一个单帧图像,就会在画面中产生马儿跑动的动画效果。每秒切换的图像越多,这段动画就会越流畅,随之而来的感觉就是我们觉得马儿跑得更快。

图 3.32　动画序列原理

### 3.7.1　设计动画

　　假设想要实现一个 box(一个立方体)在屏幕上左右移动,第一秒时 box 会从初始位置运动到屏幕右侧,第二秒会返回到屏幕左侧,如此循环往复就形成了一段动画。这里要提出一个概念,那就是 AnimationClip(动画剪辑)。box 往复运动一个循环的这段动画,叫作一个动画剪辑,也即一个 AnimationClip,一个 AnimationClip 不断循环播放就能达到开发者的目的——并非需要 10s 的动画,就做一个 10s 的 AnimationClip。在 Babylon.js 中,创建一个动画的示例代码如下:

```
1.  const frameRate = 10;
2.  const xSlide = new BABYLON.Animation("xSlide", "position.x", frameRate, BABYLON.
Animation.ANIMATIONTYPE_FLOAT,BABYLON.Animation.ANIMATIONLOOPMODE_CYCLE);
```

在上述代码中，frameRate 代表帧速率，帧速率即每秒画面刷新的次数，这里设置的值为 10。接下来还需要设置 3 个关键帧，分别是起始点、box 改变方向时的点和终点。确定了 3 个关键帧，然后让 box 沿着关键帧和帧速率做插值运算，就可以形成一段完整的动画。在 Babylon.js 中设置动画关键帧的代码如下：

```
1.   const keyFrames = [];
2.
3.     keyFrames.push({
4.        frame: 0,
5.        value: 2
6.     });
7.
8.     keyFrames.push({
9.        frame: frameRate,
10.        value: - 2
11.     });
12.
13.     keyFrames.push({
14.        frame: 2 * frameRate,
15.        value: 2
16.     });
17.
18.     xSlide.setKeys(keyFrames);
```

最后将动画添加到 box 上，并且播放动画，就可以实现预想的效果。本案例完整的代码如下：

```
1.   const createScene = () => {
2.     const scene = new BABYLON.Scene(engine);
3.
4.     const camera = new BABYLON.ArcRotateCamera("Camera", - Math.PI / 2, Math.PI / 4, 10,
BABYLON.Vector3.Zero());
5.     camera.attachControl(canvas, true);
6.
7.     const light1 = new BABYLON.DirectionalLight("DirectionalLight", new BABYLON.Vector3
(0, - 1, 1));
8.     const light2 = new BABYLON.HemisphericLight("HemiLight", new BABYLON.Vector3(0, 1,
0));
9.     light1.intensity = 0.75;
10.     light2.intensity = 0.5;
11.
12.     const box = BABYLON.MeshBuilder.CreateBox("box", {});
13.     box.position.x = 2;
14.
15.     const frameRate = 10;
16.
17.     const xSlide = new BABYLON.Animation("xSlide", "position.x", frameRate, BABYLON.
Animation.ANIMATIONTYPE_FLOAT, BABYLON.Animation.ANIMATIONLOOPMODE_CYCLE);
```

```
18.
19.    const keyFrames = [];
20.
21.    keyFrames.push({
22.        frame: 0,
23.        value: 2
24.    });
25.
26.    keyFrames.push({
27.        frame: frameRate,
28.        value: - 2
29.    });
30.
31.    keyFrames.push({
32.        frame: 2 * frameRate,
33.        value: 2
34.    });
35.
36.    xSlide.setKeys(keyFrames);
37.
38.    box.animations.push(xSlide);
39.
40.    scene.beginAnimation(box, 0, 2 * frameRate, true);
41.
42.    return scene;
43. };
```

最终运行的效果如图 3.33 所示。

(a) box从左往右运动          (b) box从右往左运动

图 3.33  动画播放效果

上述通过代码来实现动画播放的方法当然可行,但是当动画的需求变得复杂之后,通过代码来实现动画效果显然会变得极其复杂。这时候,有一个良好的动画设计工具就显得尤为重要了,所幸 Babylon.js 也为开发者提供了动画曲线编辑器(Animation Curve Editor),帮助开发者更快速地设计动画,该编辑器界面如图 3.34 所示。可以看出这里的动画曲线编辑器与 Unity 中的动画曲线编辑器能够实现的功能是非常类似的。

## 3.7.2  序列动画

在大部分动画需求中,一个动画剪辑是无法实现我们想要的结果的,通常会将多个动画

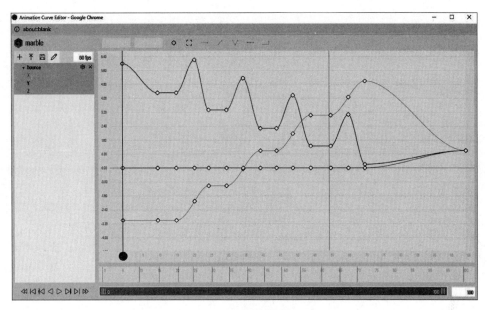

图 3.34　动画曲线编辑器

剪辑进行组合搭配顺序播放,这样为每个动画剪辑来指定播放的时间,就可以构成一整套动画片段。

　　例如,想要制作一段这样的动画:相机显示一栋带门的建筑,然后相机靠近门并停了下来,门打开,相机进入房间,房间灯亮了,门关闭,相机扫过房间。这一段文字描述的动画涉及多个物体、多个画面,因此属于一组序列动画,其中涉及如下几种动画物体。

　　(1) Camera(相机),相机位移而导致画面运动。

　　(2) Door(门),开门/关门的动画。

　　(3) Light(灯光)。

　　可通过一个时间表来描述这段动画,如图 3.35 所示。

| Timing | | | | 3 | | 5 | | 7 | 8 | 9 | | | 13 | 14 | |
|---|---|---|---|---|---|---|---|---|---|---|---|---|---|---|---|

| Performers | | | | | | | | | | | | | | |
|---|---|---|---|---|---|---|---|---|---|---|---|---|---|---|
| Camera | Move to Door | | | | Enter Room | | | Swing Around | | | | | | |
| Door | | | Opens | | | | | | | | | Closes | | |
| Lights | | | | | | | Brighten | | | | | Off | | |

图 3.35　动画时间表

描述清楚动画之间的时间关系后,可按照下列步骤来实现想要的效果。

**1. 相机向前移动的动画**

通过 push()方法为动画添加相机向前移动的关键帧。

```
1.   var movein = new BABYLON.Animation("movein", "position", frameRate, BABYLON.Animation.
ANIMATIONTYPE_VECTOR3,BABYLON.Animation.ANIMATIONLOOPMODE_CONSTANT);
```

```
2.
3.    var movein_keys = [];
4.
5.    movein_keys.push({
6.       frame: 0,
7.       value: new BABYLON.Vector3(0, 5, -30)
8.    });
9.
10.   movein_keys.push({
11.      frame: 3 * frameRate,
12.      value: new BABYLON.Vector3(0, 2, -10)
13.   });
14.
15.   movein_keys.push({
16.      frame: 5 * frameRate,
17.      value: new BABYLON.Vector3(0, 2, -10)
18.   });
19.
20.   movein_keys.push({
21.      frame: 8 * frameRate,
22.      value: new BABYLON.Vector3(-2, 2, 3)
23.   });
24.
25.   movein.setKeys(movein_keys);
```

## 2. 相机扫过的动画

通过 push()方法为动画添加相机向前扫过的关键帧。

```
1.    var rotate = new BABYLON.Animation("rotate", "rotation.y", frameRate, BABYLON.
Animation.ANIMATIONTYPE_FLOAT,BABYLON.Animation.ANIMATIONLOOPMODE_CONSTANT);
2.
3.    var rotate_keys = [];
4.
5.    rotate_keys.push({
6.       frame: 0,
7.       value: 0
8.    });
9.
10.   rotate_keys.push({
11.      frame: 9 * frameRate,
12.      value: 0
13.   });
14.
15.   rotate_keys.push({
16.      frame: 14 * frameRate,
17.      value: Math.PI
18.   });
19.
20.   rotate.setKeys(rotate_keys);
```

### 3. 门打开和关闭的动画

通过 push()方法为动画添加门打开和关闭的关键帧。

```
1.   var sweep = new BABYLON.Animation("sweep", "rotation.y", frameRate, BABYLON.Animation.
ANIMATIONTYPE_FLOAT, BABYLON.Animation.ANIMATIONLOOPMODE_CONSTANT);
2.
3.       var sweep_keys = [];
4.
5.       sweep_keys.push({
6.           frame: 0,
7.           value: 0
8.       });
9.
10.      sweep_keys.push({
11.          frame: 3 * frameRate,
12.          value: 0
13.      });
14.
15.      sweep_keys.push({
16.          frame: 5 * frameRate,
17.          value: Math.PI/3
18.      });
19.
20.      sweep_keys.push({
21.          frame: 13 * frameRate,
22.          value: Math.PI/3
23.      });
24.
25.      sweep_keys.push({
26.          frame: 15 * frameRate,
27.          value: 0
28.      });
29.
30.      sweep.setKeys(sweep_keys);
```

### 4. 灯光变亮和变暗的动画

通过 push()方法为动画添加调整灯光明暗的关键帧。

```
1.   var lightDimmer = new BABYLON.Animation("dimmer", "intensity", frameRate, BABYLON.
Animation.ANIMATIONTYPE_FLOAT, BABYLON.Animation.ANIMATIONLOOPMODE_CONSTANT);
2.
3.       var light_keys = [];
4.
5.       light_keys.push({
6.           frame: 0,
7.           value: 0
8.       });
9.
10.      light_keys.push({
```

```
11.        frame: 7 * frameRate,
12.        value: 0
13.    });
14.
15.    light_keys.push({
16.        frame: 10 * frameRate,
17.        value: 1
18.    });
19.
20.    light_keys.push({
21.        frame: 14 * frameRate,
22.        value: 1
23.    });
24.
25.    light_keys.push({
26.        frame: 15 * frameRate,
27.        value: 0
28.    });
29.
30.    lightDimmer.setKeys(light_keys);
```

### 5. 运行所有动画剪辑

最后调用上述所有的动画剪辑。

```
1.    scene.beginDirectAnimation(camera, [movein, rotate], 0, 25 * frameRate, false);
2.    scene.beginDirectAnimation(hinge, [sweep], 0, 25 * frameRate, false);
3.    scene.beginDirectAnimation(spotLights[0], [lightDimmer], 0, 25 * frameRate, false);
4.    scene.beginDirectAnimation(spotLights[1], [lightDimmer.clone()], 0, 25 * frameRate, false);
```

### 6. 创建场景中的物体

然后添加上述动画场景中的物体对象,包括场地、门等。

```
1.    var ground = BABYLON.MeshBuilder.CreateGround("ground", {width:50, height:50}, scene);
2.
3.        var wall1 = BABYLON.MeshBuilder.CreateBox("door", {width:8, height:6, depth:0.1}, scene);
4.        wall1.position.x = -6;
5.        wall1.position.y = 3;
6.
7.        var wall2 = BABYLON.MeshBuilder.CreateBox("door", {width:4, height:6, depth:0.1}, scene);
8.        wall2.position.x = 2;
9.        wall2.position.y = 3;
10.
11.       var wall3 = BABYLON.MeshBuilder.CreateBox("door", {width:2, height:2, depth:0.1}, scene);
12.       wall3.position.x = -1;
13.       wall3.position.y = 5;
14.
15.       var wall4 = BABYLON.MeshBuilder.CreateBox("door", {width:14, height:6, depth:0.1}, scene);
16.       wall4.position.x = -3;
```

```
17.        wall4.position.y = 3;
18.        wall4.position.z = 7;
19.
20.        var wall5 = BABYLON.MeshBuilder.CreateBox("door", {width:7, height:6, depth:0.1}, scene);
21.        wall5.rotation.y = Math.PI/2;
22.        wall5.position.x = -10;
23.        wall5.position.y = 3;
24.        wall5.position.z = 3.5;
25.
26.        var wall6 = BABYLON.MeshBuilder.CreateBox("door", {width:7, height:6, depth:0.1}, scene);
27.        wall6.rotation.y = Math.PI/2;
28.        wall6.position.x = 4;
29.        wall6.position.y = 3;
30.        wall6.position.z = 3.5;
31.
32.        var roof = BABYLON.MeshBuilder.CreateBox("door", {width:14, height:7, depth:0.1}, scene);
33.        roof.rotation.x = Math.PI/2;
34.        roof.position.x = -3;
35.        roof.position.y = 6;
36.        roof.position.z = 3.5;
37.
38.    }
```

# 3.8　音频

Babylon.js 的音频是基于 Web Audio 规范的,因此当开发者需要使用声音时,运行 WebXR 的浏览器需要兼容 Web Audio 规范。假设在不支持 Web Audio 规范的浏览器上使用,并不会影响引擎其他功能的使用,只是无法播放音频而已。声音引擎支持环境音、空间音和定向音,可以通过代码或加载.babylon 文件来创建,一般开发过程中使用的音频文件扩展名为.mp3 或.wav。

## 3.8.1　创建音频文件

创建音频文件的代码如下:

```
1.   var createScene = function () {
2.       var scene = new BABYLON.Scene(engine);
3.
4.       var camera = new BABYLON.FreeCamera("FreeCamera", new BABYLON.Vector3(0, 0, 0), scene);
5.
6.       //载入音频文件,一旦准备好开始自动循环播放
7.       var music = new BABYLON.Sound("Violons", "sounds/violons11.wav", scene, null, { loop: true, autoplay: true });
8.
9.       return scene;
10.  };
```

下面列举 Sound()函数中各个参数的作用。

第一个参数：声音的名称。

第二个参数：要加载的声音的 URL，即音频文件所在的路径。

第三个参数：附加声音的场景。

第四个参数：一旦声音准备好播放，函数就会被回调。

第五个参数：一个 JSON 对象。

也可以监听音乐处于可播放状态时回调函数的状态，表示当音频文件从本地加载并解析完成，或者从 Web 服务器加载或解析完成，接下来会自动播放音乐，代码如下：

```
1.   var createScene = function () {
2.      var scene = new BABYLON.Scene(engine);
3.
4.      var camera = new BABYLON.FreeCamera("FreeCamera", new BABYLON.Vector3(0, 0, 0), scene);
5.
6.      var music = new BABYLON.Sound("Violons", "sounds/violons11.wav", scene,
7.          function() {
8.              // Sound has been downloaded & decoded
9.              music.play();
10.         }
11.     );
12.
13.     return scene;
14.   };
```

此代码从 Web 服务器加载 music.wav 文件，对其进行解码并使用 play()函数在回调函数中播放一次。如果没有传递参数，那么 play()函数会立即播放声音，当然也可以提供 number 类型的参数，设定在 x 秒后再开始播放声音，具体视需求而定。

## 3.8.2　通过事件触发音频播放

在一些情况下，需要通过键盘或者鼠标事件来触发音乐的播放或停止，接下来实现音乐与事件的绑定。代码中的 window.addEventListener()函数分别监听鼠标左键和键盘空格键的 Click 事件，当这些动作触发之后，就播放 gunshot.wav 这个游戏中枪械开火的音效，从而实现通过事件的触发来控制音频播放的功能。

```
1.   var createScene = function () {
2.      var scene = new BABYLON.Scene(engine);
3.
4.      var camera = new BABYLON.FreeCamera("FreeCamera", new BABYLON.Vector3(0, 0, 0), scene);
5.
6.      var gunshot = new BABYLON.Sound("gunshot", "sounds/gunshot.wav", scene);
7.
8.      window.addEventListener("mousedown", function(evt) {
9.          //单击鼠标左键开火
10.         if (evt.button === 0) {
```

```
11.          gunshot.play();
12.        }
13.    });
14.
15.    window.addEventListener("keydown", function (evt) {
16.      //按下空格键开火
17.      if (evt.keyCode === 32) {
18.          gunshot.play();
19.      }
20.    });
21.
22.    return scene;
23. };
```

### 3.8.3　音乐属性

可以通过选项对象或 setVolume() 函数设置声音的音量,也可以以相同的方式设置播放速率。如果将开发者自己注册到 onended 事件中,还可以在声音播放完毕时收到通知。下面是一个混合所有这些功能的简单示例代码。

```
1.  var volume = 0.1;
2.  var playbackRate = 0.5;
3.  var gunshot = new BABYLON.Sound("Gunshot", "./gunshot-1.wav", scene, null, {
4.    playbackRate: playbackRate,
5.    volume: volume
6.  });
7.
8.  gunshot.onended = function() {
9.    if (volume < 1) {
10.     volume += 0.1;
11.     gunshot.setVolume(volume);
12.   }
13.   playbackRate += 0.1;
14.   gunshot.setPlaybackRate(playbackRate);
15. };
```

### 3.8.4　通过 ArrayBuffer 来加载音频文件

如果开发者使用自己提供的 ArrayBuffer 调用构造函数,则可以绕过第一阶段的请求(即嵌入式 XHR 请求),下面是一段示例代码。

```
1.  var createScene = function () {
2.    var scene = new BABYLON.Scene(engine);
3.
4.    var camera = new BABYLON.FreeCamera("FreeCamera", new BABYLON.Vector3(0, 0, 0), scene);
5.
```

```
6.      var gunshotFromAB;
7.      loadArrayBufferFromURL("sounds/gunshot.wav");
8.
9.      function loadArrayBufferFromURL(urlToSound) {
10.        var request = new XMLHttpRequest();
11.        request.open('GET', urlToSound, true);
12.        request.responseType = "arraybuffer";
13.        request.onreadystatechange = function() {
14.          if (request.readyState == 4) {
15.            if (request.status == 200) {
16.              gunshotFromAB = new BABYLON.Sound("FromArrayBuffer", request.response,
scene, soundReadyToBePlayed);
17.            }
18.          }
19.        };
20.        request.send(null);
21.      }
22.
23.      function soundReadyToBePlayed() {
24.        gunshotFromAB.play();
25.      }
26.
27.      return scene;
28.  };
```

### 3.8.5　通过资源管理器加载音频文件

资源管理器在 WebXR 开发过程中非常有用。通过资源管理器加载音频文件,就可以实现加载进度的展示,而不用让应用处于等待状态。

```
1.   var createScene = function () {
2.      var scene = new BABYLON.Scene(engine);
3.
4.      var camera = new BABYLON.FreeCamera("FreeCamera", new BABYLON.Vector3(0, 0, 0), scene);
5.
6.      var music1, music2, music3;
7.      //通过 AssetsManager 资源管理器加载音频
8.      var assetsManager = new BABYLON.AssetsManager(scene);
9.
10.     var binaryTask = assetsManager.addBinaryFileTask("Violons18 task", "sounds/
violons18.wav");
11.     binaryTask.onSuccess = function (task) {
12.        music1 = new BABYLON.Sound("Violons18", task.data, scene, soundReady, { loop: true });
13.     }
14.
15.     var binaryTask2 = assetsManager.addBinaryFileTask("Violons11 task", "sounds/
violons11.wav");
16.     binaryTask2.onSuccess = function (task) {
```

```
17.         music2 = new BABYLON.Sound("Violons11", task.data, scene, soundReady, { loop: true });
18.     }
19.
20.     var binaryTask3 = assetsManager.addBinaryFileTask("Cello task", "sounds/cellolong.wav");
21.     binaryTask3.onSuccess = function (task) {
22.         music3 = new BABYLON.Sound("Cello", task.data, scene, soundReady, { loop: true });
23.     }
24.
25.     var soundsReady = 0;
26.
27.     function soundReady() {
28.         soundsReady++;
29.         if (soundsReady === 3) {
30.             music1.play();
31.             music2.play();
32.             music3.play();
33.         }
34.     }
35.
36.     assetsManager.load();
37.
38.     return scene;
39. };
```

# 3.9　相机和网格

## 3.9.1　相机的行为

### 1. 弹跳行为(Bouncing Behaviour)

在轨道相机 ArcRotateCamera 中,当相机的半径达到最小值或最大值时,会产生一个小的弹跳效果,可以通过下面的属性来配置此行为。

(1) transitionDuration:定义动画的持续时间,以毫秒为单位,默认值为 450ms。

(2) lowerRadiusTransitionRange:定义到达下半径时过渡动画的距离长度,默认值为 2。

(3) upperRadiusTransitionRange:定义到达上半径时过渡动画的距离长度,默认值为−2。

(4) autoTransitionRange:定义一个值,指示是否自动定义了 lowerRadiusTransitionRange 和 upperRadiusTransitionRange。过渡范围将设置为世界空间中边界框对角线的 5%。

要在 ArcRotateCamera 上启用弹跳行为,可执行下面的一行代码:

```
camera.useBouncingBehaviour = true;
```

### 2. 自动旋转行为(AutoRotation Behaviour)

一般针对一个三维物体进行展示时,当用户没有对场景中的模型进行交互时,可以让相机围绕目标缓慢旋转,以便于用户观察。该行为可以使用下列属性进行配置。

(1) idleRotationSpeed:相机围绕网格旋转的速度。

(2) idleRotationWaitTime:用户交互后相机开始旋转前等待的时间(以毫秒为单位)。

(3) idleRotationSpinupTime:旋转到完全停止所需的时间(以毫秒为单位)。

(4) zoomStopsAnimation:指示用户缩放是否应停止动画的标志。

要在轨道相机上启用自动旋转行为,可执行下面的一行代码:

```
camera.useAutoRotationBehaviour = true;
```

**3. 框架行为(Framing Behaviour)**

框架行为 BABYLON. FramingBehaviour 旨在在轨道相机的目标设置为网格时自动定位它。如果想防止相机进入虚拟水平面,那么该框架行为也很有用。可以使用以下属性配置该行为:

(1) BABYLON. FramingBehaviour. IgnoreBoundsSizeMode——相机可以一直向网格移动。

(2) BABYLON. FramingBehaviour. FitFrustumSidesMode——不允许相机比被调整的边界球体所接触的平截头体侧面的点更接近网格。参数有两个,分别为:

- 定义应用于半径的比例,默认为 1。
- 设置要在 Y 轴上应用的比例以定位相机焦点,默认为 0.5(表示边界框的中心)。

(3) defaultElevation——定义水平面上方/下方的角度,以便在触发默认高程空闲行为时返回,以弧度为单位,默认为 0.3。

(4) elevationReturnTime——定义返回到默认 beta 位置(默认为 1500)所需的时间,以毫秒为单位,负值表示相机不应返回默认值。

(5) depthReturnWaitTime——定义相机返回到默认 beta 位置之前的延迟,以毫秒为单位,默认为 1000。

(6) zoomStopsAnimation——定义用户缩放场景时是否应该停止动画。

(7) framingTime——构建网格框架时的过渡时间,以毫秒为单位,默认为 1500。

要在轨道相机上启用框架行为,可执行以下的一行代码:

```
camera.useFramingBehaviour = true;
```

## 3.9.2　网格的行为

**1. PointerDragBehaviour**

该行为用于使用鼠标或 VR 控制器围绕平面或轴拖动网格,它可以在 3 种不同的模式下初始化。

(1) dragAxis:将沿着提供的轴进行拖动。

(2) dragPlaneNormal:将沿着法线定义的平面进行拖动。

（3）None：将沿着面向相机的平面进行拖动。

默认情况下，拖动平面/轴将根据对象的方向进行修改。要将指定的轴/平面固定在世界坐标系中，应将 useObjectOrientationForDragging 设置为 false。下面实现一个完整的案例，代码如下：

```
1.   var createScene = function () {
2.       //创建基本场景
3.       var scene = new BABYLON.Scene(engine);
4.       var camera = new BABYLON.FreeCamera("camera1", new BABYLON.Vector3(1, 5, -10), scene);
5.       camera.setTarget(BABYLON.Vector3.Zero());
6.       var light = new BABYLON.HemisphericLight("light1", new BABYLON.Vector3(0, 1, 0), scene);
7.       light.intensity = 0.7;
8.       var sphere = BABYLON.Mesh.CreateSphere("sphere1", 16, 2, scene);
9.       sphere.rotation.x = Math.PI/2
10.      sphere.position.y = 1;
11.      var ground = BABYLON.Mesh.CreateGround("ground1", 6, 6, 2, scene);
12.
13.      //定义 pointerDragBehaviour 网格行为
14.      //var pointerDragBehaviour = new BABYLON.PointerDragBehaviour({});
15.      //var pointerDragBehaviour = new BABYLON.PointerDragBehaviour({dragPlaneNormal: new
     BABYLON.Vector3(0,1,0)});
16.      var pointerDragBehaviour = new BABYLON.PointerDragBehaviour({dragAxis: new BABYLON.
     Vector3(1,0,0)});
17.
18.      //将指定的轴/平面固定在世界坐标系中
19.      pointerDragBehaviour.useObjectOrientationForDragging = false;
20.
21.      //监听拖动事件
22.      pointerDragBehaviour.onDragStartObservable.add((event) =>{
23.          console.log("dragStart");
24.          console.log(event);
25.      })
26.      pointerDragBehaviour.onDragObservable.add((event) =>{
27.          console.log("drag");
28.          console.log(event);
29.      })
30.      pointerDragBehaviour.onDragEndObservable.add((event) =>{
31.          console.log("dragEnd");
32.          console.log(event);
33.      })
34.
35.      //如果需要手动处理拖动事件(在不移动附加网格的情况下使用拖动行为),则将
     moveAttached 设置为 false
36.      // pointerDragBehaviour.moveAttached = false;
37.
38.      sphere.addBehaviour(pointerDragBehaviour);
39.
40.      return scene;
41.
42.  };
```

### 2. SixDofDragBehaviour

基于指针的原点(例如,相机或 VR 控制器位置),将 Mesh 网格在 3D 空间中进行拖动,默认情况下,通过将网格缓慢移动到指针指向的位置来平滑指针抖动。要删除或修改此行为,可以修改以下字段。

```
sixDofDragBehaviour.dragDeltaRatio = 0.2;
```

默认情况下,(将对象拖离/拖向用户的操作将被放大来确保更容易将物体移动到更远的距离。为了规避或者修改这种情况,可以使用以下内容:

```
sixDofDragBehaviour.zDragFactor = 0.2;
```

需要注意的一点是,为避免在使用具有复杂几何形状的模型时对性能造成较大影响,应将对象包裹在边界框网格中。

## 3.10 资源管理

在 Babylon.js 引擎中,默认内置的能够加载的资源格式为.babylon 格式,其他的资源格式都需要加载对应的插件来实现,例如,glTF、GLB、OBJ、STL 等格式的模型资源。如果要快速添加所有的加载插件,可以在页面中添加以下脚本:

```
< script src = "https://cdn.babylonjs.com/babylon.js"></script >
< script src = "https://cdn.babylonjs.com/loaders/babylonjs.loaders.min.js">
</script >
```

在使用 NPM 进行安装时,可以使用下面的命令:

```
npm install -- save babylonjs babylonjs - loaders
```

如果开发时采用 TypeScript 语言,则需要在 tsconfig.json 文件中添加如下代码:

```
...
   "types": [
     "babylonjs",
     "babylonjs - loaders",
     ""
   ],
...
```

在完成上述设置工作后,就可以在代码中引用对应的类型了。当使用 Webpack 打包项目时,将使用最小的 minifield 文件。

```
import * as BABYLON from 'babylonjs';
import 'babylonjs - loaders';
```

### 3.10.1　SceneLoader.Append

所有资源类型都可以用 SceneLoader.Append 接口来进行加载，具体使用方法如下：

```
1.  BABYLON.SceneLoader.Append("./", "duck.gltf", scene, function (scene) {
2.      //场景中将要执行的动作
3.  });
```

通过字符串加载 Babylon 的资源并添加到场景中。使用的格式是"data："关键字加表示资源的字符串。

```
1.  BABYLON.SceneLoader.Append("", "data:" + gltfString, scene, function (scene) {
2.      //场景中将要执行的动作
3.  });
```

还可以通过一个基于 Base64 编码的 .glb 二进制文件进行加载。

```
1.   var base64_model_content = "data:;base64,BASE 64 ENCODED DATA...";
2.  BABYLON.SceneLoader.Append("", base64_model_content, scene, function (scene) {
3.      //场景中将要执行的动作
4.  });
```

### 3.10.2　SceneLoader.Load

该方法将加载所有 Babylon 资源并且创建一个新的场景。

```
1.  BABYLON.SceneLoader.Load("/assets/", "batman.obj", engine, function (scene) {
2.      //场景中将要执行的动作
3.  });
```

### 3.10.3　SceneLoader.ImportMesh

该方法用来向场景中加载网格 Mesh 和骨骼 Skeletons，默认第一个参数为 null，表示加载文件中的所有 Mesh 和 Skeletons。

```
1.   BABYLON.SceneLoader.ImportMesh(["myMesh1", "myMesh2"], "./", "duck.gltf", scene,
function (meshes, particleSystems, skeletons) {
2.      /场景中使用 mesh 和 skeletons 将要执行的动作
3.      //对于 glTF 资源，粒子系统通常为 null
4.  });
```

在上述回调函数中，对于 glTF 格式的文件，particleSystems 始终为 null，也就是说，glTF 文件是无法支持 Babylon 引擎中的粒子系统的。

### 3.10.4　SceneLoader.ImportMeshAsync

该函数为 ImportMesh 的异步版本，可以通过调用返回的 promise 或使用 await 关键字来获得结果。注意,要在 createScene()函数中使用 await 关键字,必须在其定义中将其标记为 async。

### 1. 使用 promise

```
1.   const importPromise = BABYLON. SceneLoader. ImportMeshAsync (["myMesh1", "myMesh2"],
"./", "duck.gltf", scene);
2.   importPromise.then((result) => {
3.      //结果包含网格、粒子系统、骨架、动画组和变换节点
4.   })
```

### 2. 使用 await 关键字

```
1.   const result = await BABYLON.SceneLoader.ImportMeshAsync(["myMesh1", "myMesh2"], "./",
"duck.gltf", scene);
```

## 3.10.5　SceneLoader. LoadAssetContainer

Container 意为容器。顾名思义,该函数将加载资源,但并不会立即将资源添加至场景中,而是会先放在一个容器中。

```
1.   BABYLON.SceneLoader.LoadAssetContainer("./", "duck.gltf", scene, function (container) {
2.      var meshes = container.meshes;
3.      var materials = container.materials;
4.      ...
5.      // 最后再将所有元素添加至场景中
6.      container.addAllToScene();
7.   });
```

## 3.10.6　SceneLoader. ImportAnimations

该函数将加载动画文件并合并至场景中。

```
1.   BABYLON.SceneLoader.ImportAnimations("./", "Elf_run.gltf", scene);
```

## 3.10.7　SceneLoader. AppendAsync

该函数为 SceneLoader. Append 函数的异步版本。

```
1.   BABYLON.SceneLoader.AppendAsync("./", "duck.gltf", scene).then(function (scene) {
2.      //场景中将要执行的动作
3.   });
```

## 3.10.8　AssetsManager

在项目中,大部分情况下都会加载多个资源,Babylon.js 从 1.14 版本开始引入了资源

管理类。该类可以用于将网格导入到场景中,或加载文本、二进制文件等。下面学习如何使用 AssetsManager 类来加载资源。

### 1. 初始化并创建任务

在使用 AssetsManager 之前,首先需要通过当前场景创建一个资源管理器。

```
1.    var assetsManager = new BABYLON.AssetsManager(scene);
```

接下来,通过 assetsManager.addMeshTask 函数可以向 assetsManager 添加一个任务,代码如下:

```
1.    var meshTask = assetsManager.addMeshTask("skull task", "", "scenes/", "skull.babylon");
```

每一个任务都可以通过监听成功和失败的回调函数来做进一步的处理。

(1) 当加载成功时,加载 Mesh 并初始化坐标。

```
1.    meshTask.onSuccess = function (task) {
2.        task.loadedMeshes[0].position = BABYLON.Vector3.Zero();
3.    }
```

(2) 当加载失败时,控制台给出异常日志。

```
1.    meshTask.onError = function (task, message, exception) {
2.        console.log(message, exception);
3.    }
```

### 2. 任务的类型

AssetsManager 类主要有如下的 8 种任务类型,下面依次说明。

(1) TextFileTask:文本文件任务。

(2) MeshAssetTask:网格资源任务。

(3) TextureAssetTask:纹理资源任务。

(4) CubeTextureAssetTask:立方体纹理资源任务。

(5) ContainerAssetTask:容器资源任务。

(6) BinaryFileAssetTask:二进制文件资源任务。

(7) ImageAssetTask:图像资源任务。

(8) HDRCubeTextureTask:HDR 立方体纹理任务。

### 3. 运行 AssetsManager

调用下列代码运行所有的任务:

```
assetsManager.load();
```

### 4. AssetsManager 的回调和观察者

AssetsManager 提供了 4 个回调来帮助开发者更好地监测资源加载信息,它们分别是:

（1）onFinish——所有任务加载完成。

（2）onProgress——加载进度。

（3）onTaskSuccess——任务加载成功。

（4）onTaskError——加载任务报错。

下列代码举例说明 AssetsManager 的具体使用方法，给出了通过 onProgress 方式加载 UI 文本的过程。

```
1.  assetsManager.onProgress = function(remainingCount, totalCount, lastFinishedTask) {
2.   engine.loadingUIText = 'We are loading the scene. ' + remainingCount + ' out of ' +
totalCount + ' items still need to be loaded.';
3.  };
4.
5.  assetsManager.onFinish = function(tasks) {
6.    engine.runRenderLoop(function() {
7.      scene.render();
8.    });
9.  };
```

## 3.10.9　使用加载进度

默认情况下，在进行资源的加载时，AssetsManager 会显示一个加载界面，如图 3.36 所示。

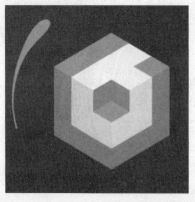

图 3.36　显示加载界面

要想禁用上述加载界面，可使用下面的代码：

```
assetsManager.useDefaultLoadingScreen = false;
```

如果使用的是 SceneLoader 来加载资源，那么当 SceneLoader 中的 ShowLoadingScreen 设置为 true 时，也会显示上面的加载界面。该属性默认情况下为 true。如果要禁用加载界面，则需使用下列方式：

```
BABYLON.SceneLoader.ShowLoadingScreen = false;
```

也可以通过手动调用以下的函数来打开或者关闭加载 UI,当然,在大部分情况下,都是需要加载界面的。

```
engine.displayLoadingUI();
engine.hideLoadingUI();
```

还可以设置加载 UI 上的文字内容和加载界面的背景颜色。

```
engine.loadingUIText = "text";
engine.loadingUIBackgroundColor = "red";
```

# 3.11　材质

材质使得场景中的网格物体拥有了颜色和纹理,一个物体的材质如何显示,取决于场景中的灯光,以及材质如何对灯光进行计算并反映到画面中。材质对光有如下 4 种可能的反应方式。

(1)漫反射(Diffuse):漫反射表示在灯光照射下物体的基本颜色或质地。

(2)高光(Specular):灯光使得材质产生高光。

(3)自发光(Emissive):材质的颜色或质地仿佛会自发光。

(4)环境(Ambient):由背景灯光或环境光照射的材质颜色或纹理。

漫反射和高光需要开发者创建光源,环境光需要设置场景的环境色或给予场景背景光照。设置场景环境色的代码如下:

```
scene.ambientColor = new BABYLON.Color3(1, 1, 1);
```

## 3.11.1　材质的创建

通过代码来创建材质(Material)的方式如下:

```
var myMaterial = new BABYLON.StandardMaterial("myMaterial", scene);
```

当材质创建完成后,可以设置上面提到的 4 种颜色中的一个或多个,但是大家要记得,ambientColor 只有在设置了场景的 ambientColor 后才会生效。

```
1.   myMaterial.diffuseColor = new BABYLON.Color3(1, 0, 1);
2.   myMaterial.specularColor = new BABYLON.Color3(0.5, 0.6, 0.87);
3.   myMaterial.emissiveColor = new BABYLON.Color3(1, 1, 1);
4.   myMaterial.ambientColor = new BABYLON.Color3(0.23, 0.98, 0.53);
5.   mesh.material = myMaterial;
```

## 3.11.2　漫反射

为了了解 diffuseColor 如何对灯光做出反应,下面展示不同颜色的材质对白色、红色、绿色和蓝色的漫反射聚光灯做出反应的过程。完整的案例代码如下：

```
1.   var createScene = function () {
2.       var scene = new BABYLON.Scene(engine);
3.       var camera = new BABYLON.ArcRotateCamera("Camera", - Math.PI / 2, Math.PI / 3, 10,
BABYLON.Vector3.Zero(), scene);
4.       camera.attachControl(canvas, true);
5.
6.       var mats = [
7.           new BABYLON.Color3(1, 1, 0),
8.           new BABYLON.Color3(1, 0, 1),
9.           new BABYLON.Color3(0, 1, 1),
10.          new BABYLON.Color3(1, 1, 1)
11.      ]
12.
13.      var redMat = new BABYLON.StandardMaterial("redMat", scene);
14.      redMat.emissiveColor = new BABYLON.Color3(1, 0, 0);
15.
16.      var greenMat = new BABYLON.StandardMaterial("greenMat", scene);
17.      greenMat.emissiveColor = new BABYLON.Color3(0, 1, 0);
18.
19.      var blueMat = new BABYLON.StandardMaterial("blueMat", scene);
20.      blueMat.emissiveColor = new BABYLON.Color3(0, 0, 1);
21.
22.      var whiteMat = new BABYLON.StandardMaterial("whiteMat", scene);
23.      whiteMat.emissiveColor = new BABYLON.Color3(1, 1, 1);
24.
25.
26.      //红光
27.       var lightRed = new BABYLON.SpotLight("spotLight", new BABYLON.Vector3(- 0.9, 1,
- 1.8), new BABYLON.Vector3(0, - 1, 0), Math.PI / 2, 1.5, scene);
28.      lightRed.diffuse = new BABYLON.Color3(1, 0, 0);
29.      lightRed.specular = new BABYLON.Color3(0, 0, 0);
30.
31.      //绿光
32.       var lightGreen = new BABYLON.SpotLight("spotLight1", new BABYLON.Vector3(0, 1,
- 0.5), new BABYLON.Vector3(0, - 1, 0), Math.PI / 2, 1.5, scene);
33.      lightGreen.diffuse = new BABYLON.Color3(0, 1, 0);
34.      lightGreen.specular = new BABYLON.Color3(0, 0, 0);
35.
36.      //蓝光
37.       var lightBlue = new BABYLON.SpotLight("spotLight2", new BABYLON.Vector3(0.9, 1,
- 1.8), new BABYLON.Vector3(0, - 1, 0), Math.PI / 2, 1.5, scene);
38.      lightBlue.diffuse = new BABYLON.Color3(0, 0, 1);
39.      lightBlue.specular = new BABYLON.Color3(0, 0, 0);
40.
41.      //白光
42.       var lightWhite = new BABYLON.SpotLight("spotLight3", new BABYLON.Vector3(0, 1, 1),
new BABYLON.Vector3(0, - 1, 0), Math.PI / 2, 1.5, scene);
```

```
43.    lightWhite.diffuse = new BABYLON.Color3(1, 1, 1);
44.    lightWhite.specular = new BABYLON.Color3(0, 0, 0);
45.
46.    var redSphere = BABYLON.MeshBuilder.CreateSphere("sphere", {diameter: 0.25}, scene);
47.    redSphere.material = redMat;
48.    redSphere.position = lightRed.position;
49.
50.    var greenSphere = BABYLON.MeshBuilder.CreateSphere("sphere", {diameter: 0.25}, scene);
51.    greenSphere.material = greenMat;
52.    greenSphere.position = lightGreen.position;
53.
54.    var blueSphere = BABYLON.MeshBuilder.CreateSphere("sphere", {diameter: 0.25}, scene);
55.    blueSphere.material = blueMat;
56.    blueSphere.position = lightBlue.position;
57.
58.    var whiteSphere = BABYLON.MeshBuilder.CreateSphere("sphere", {diameter: 0.25}, scene);
59.    whiteSphere.material = whiteMat;
60.    whiteSphere.position = lightWhite.position;
61.
62.    var groundMat = new BABYLON.StandardMaterial("groundMat", scene);
63.    groundMat.diffuseColor = mats[0];
64.
65.    var ground = BABYLON.MeshBuilder.CreateGround("ground", {width: 4, height: 6}, scene);
66.    ground.material = groundMat;
67.
68.    / ******************** GUI ********************* /
69.    var makeYellow = function() {
70.        groundMat.diffuseColor = mats[0];
71.    }
72.
73.    var makePurple = function() {
74.        groundMat.diffuseColor = mats[1];
75.    }
76.
77.    var makeCyan = function() {
78.        groundMat.diffuseColor = mats[2];
79.    }
80.
81.    var makeWhite = function() {
82.        groundMat.diffuseColor = mats[3];
83.    }
84.
85.    var matGroup = new BABYLON.GUI.RadioGroup("Material Color", "radio");
86.    matGroup.addRadio("Yellow", makeYellow, true);
87.    matGroup.addRadio("Purple", makePurple);
88.    matGroup.addRadio("Cyan", makeCyan);
89.    matGroup.addRadio("White", makeWhite);
90.
91.    var advancedTexture = BABYLON.GUI.AdvancedDynamicTexture.CreateFullscreenUI("UI");
```

```
92.
93.    var selectBox = new BABYLON.GUI.SelectionPanel("sp", [matGroup]);
94.    selectBox.width = 0.25;
95.    selectBox.height = "50%";
96.    selectBox.top = "4px";
97.    selectBox.left = "4px";
98.    selectBox.background = "white";
99.    selectBox.horizontalAlignment = BABYLON.GUI.Control.HORIZONTAL_ALIGNMENT_LEFT;
100.      selectBox.verticalAlignment = BABYLON.GUI.Control.VERTICAL_ALIGNMENT_TOP;
101.
102.      advancedTexture.addControl(selectBox);
103.
104.      return scene;
105.
106.  };
```

代码运行后,可以看到画面效果如图 3.37 所示。

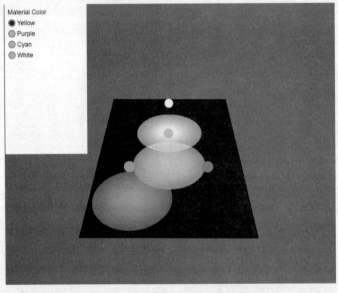

图 3.37　支持多种颜色的漫反射聚光效果

在本案例中,创建了 4 盏聚光灯,它们的漫反射颜色分别为白光、绿光、红光和蓝光。为了便于观察,在这 4 盏灯的位置上创建了 4 个小球,并设置其漫反射颜色。接下来需要观察这 4 盏灯照射到地面(图 3.37 中黑色的 Plane)后,地面呈现出的效果。

尝试将地面的漫反射颜色依次设置为黄色(Yellow)、紫色(Purple)、青色(Cyan)和白色(White),然后分别观察在不同的漫反射颜色下的聚光灯效果。

第一种情况:地面的漫反射颜色为黄色时,对灯光的反应效果如图 3.38 所示。

第二种情况:地面的漫反射颜色为紫色时,对灯光的反应效果如图 3.39 所示。注意观察白光照射后的地面颜色。

图 3.38　漫反射颜色为黄色时的聚光效果　　图 3.39　漫反射颜色为紫色时的聚光效果

第三种情况：地面的漫反射颜色为青色时，对灯光的反应效果如图 3.40 所示。同样注意白光的照射区域。

第四种情况：地面的漫反射颜色为白色时，对灯光的反应效果如图 3.41 所示。

图 3.40　漫反射颜色为青色时的聚光效果　　图 3.41　漫反射颜色为白色时的聚光效果

## 3.11.3　环境光颜色

接下来探索环境光颜色的作用，首先创建如下示例代码。

```
1.   var createScene = function () {
2.       var scene = new BABYLON.Scene(engine);
3.       var camera = new BABYLON.ArcRotateCamera("Camera", - Math.PI / 2,  Math.PI / 4, 5,
BABYLON.Vector3.Zero(), scene);
4.       camera.attachControl(canvas, true);
5.
6.       scene.ambientColor = new BABYLON.Color3(1, 1, 1);
7.
8.       var redMat = new BABYLON.StandardMaterial("redMat", scene);
9.       redMat.ambientColor = new BABYLON.Color3(1, 0, 0);
10.
11.      var greenMat = new BABYLON.StandardMaterial("redMat", scene);
12.      greenMat.ambientColor = new BABYLON.Color3(0, 1, 0);
13.
14.      //无环境光
15.      var sphere0 = BABYLON.MeshBuilder.CreateSphere("sphere0", {}, scene);
16.      sphere0.position.x = - 1.5;
17.
18.      //红色环境光
19.      var sphere1 = BABYLON.MeshBuilder.CreateSphere("sphere1", {}, scene);
20.      sphere1.material = redMat;
```

```
21.
22.      //绿色环境光
23.      var sphere2 = BABYLON.MeshBuilder.CreateSphere("sphere2", {}, scene);
24.      sphere2.material = greenMat;
25.      sphere2.position.x = 1.5;
26.
27.      return scene;
28.
29. };
```

上述代码创建了 3 个球体,它们的位置分别为左、中、右。左边的球体没有环境光颜色,中间的球体采用红色的环境光颜色,右边的球体采用绿色的环境光颜色。首先将上面代码中的场景环境光颜色注释掉,运行后只会得到如图 3.42 所示的效果。

图 3.42　无场景环境光下的材质效果

通过运行可以看到,如果不设置场景的环境光,那么即使右边两个球体都设置了环境光颜色,也依然得到的是黑色的球体,这就验证了前面提到的,环境光有效的前提是必须设置场景的 ambientColor。接下来打开设置场景环境光的代码,重新运行场景后会得到如图 3.43 所示的效果。

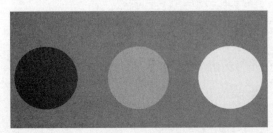

图 3.43　有场景环境光下的材质效果

由于左侧的小球没有设置 ambientColor,因此无法呈现出物体的颜色,而右侧两个小球都呈现出了环境光颜色。但还可以继续做个测试,因为当下的背景的环境光颜色为白色,因此右侧两个小球都呈现出的是自己的本色。如果改变背景环境光颜色,结果又会如何? 将代码修改如下:

```
scene.ambientColor = new BABYLON.Color3(1, 1, 0);
```

上述代码会将场景的环境光颜色设置为黄色,黄色是由红色和绿色混合而成,那么背景的环境光颜色是否会影响小球的环境光颜色呢? 运行效果如图 3.44 所示。

图 3.44 场景环境光与物体环境光颜色不冲突情况下的效果

可以观察到右边两个小球的颜色基本没有变化,接下来再将环境光颜色设置为(0,1,0),即绿色,然后再运行代码,效果如图 3.45 所示。

图 3.45 场景的环境光设置为绿色情况下的效果

可以看到背景的绿色并没有与物体的环境颜色进行混合,继续测试将背景的环境光颜色改为(0.5,1,0),得到如图 3.46 所示的效果。

图 3.46 调整场景环境光改变物体亮度的效果

可以看出红色小球的亮度减半,而绿色小球的亮度不变,因此通过观察上述现象可知,背景的环境光颜色并不是与物体的环境光颜色进行混合,而只是对物体环境光的亮度进行了设置。接下来,向场景中添加如下代码:

```
1.  var light = new BABYLON.HemisphericLight("hemiLight", new BABYLON.Vector3(-1, 1, 0), scene);
2.  light.diffuse = new BABYLON.Color3(1, 0, 0);
```

上述代码向场景中添加了一个半球光,这个光从左上角对场景进行照射,其diffuseColor 为红色,运行代码后,得到如图 3.47 所示的效果。

可以看到,红色的半球光照亮了 3 个小球,让最左侧的小球也呈现出红色。接下来,为灯光添加高光颜色。

```
light.specular = new BABYLON.Color3(0, 1, 0);
```

将灯光的高光颜色设置为绿色后,再运行场景,可以看到如图 3.48 所示的效果。

此时已经可以看到高光对小球产生的效果了,那么接下来进入这个案例最重要的环节,

图 3.47　添加场景半球光后的效果

图 3.48　继续为场景半球光添加高光

即环境光的效果,继续添加代码。

```
light.groundColor = new BABYLON.Color3(0, 1, 0);
```

将灯光的背景色设置为绿色后,继续运行场景,可以看到如图 3.49 所示的效果。

图 3.49　将灯光的背景色更改为绿色

左侧小球的右下角部分呈现绿色,说明灯光的背景色对物体产生了效果,这里可以推测,当不设置材质的环境光颜色时,应该默认为白色,中间的小球本色为红色。受到灯光的背景色影响后,右下角部分呈现黄色,这是红色和绿色混合后呈现的效果,最右侧的小球右下角呈现绿色,这是因为绿色与绿色混合依然为绿色。

### 3.11.4　透明颜色

材质的透明度设置可以直接设置材质的 alpha 值,0 为全透明,1 为不透明,介于 0 和 1 之间则为不同程度的半透明效果。

```
myMaterial.alpha = 0.5;
```

下面通过一个案例来说明透明材质的使用,代码如下:

```
1.  var createScene = function () {
2.      var scene = new BABYLON.Scene(engine);
```

```
3.      var camera = new BABYLON.ArcRotateCamera("Camera", - Math.PI / 2, 3 * Math.PI / 8, 5,
BABYLON.Vector3.Zero(), scene);
4.      camera.attachControl(canvas, true);
5.
6.
7.      //半球光从左上角照射
8.      var light = new BABYLON.HemisphericLight("hemiLight", new BABYLON.Vector3( - 1, 1,
0), scene);
9.      light.diffuse = new BABYLON.Color3(1, 0, 0);
10.     light.specular = new BABYLON.Color3(0, 1, 0);
11.     light.groundColor = new BABYLON.Color3(0, 1, 0);
12.
13.     var redMat = new BABYLON.StandardMaterial("redMat", scene);
14.     redMat.diffuseColor = new BABYLON.Color3(1, 0, 0);
15.
16.     var greenMat = new BABYLON.StandardMaterial("greenMat", scene);
17.     greenMat.diffuseColor = new BABYLON.Color3(0, 1, 0);
18.     greenMat.alpha = 0.5;
19.
20.     //添加一个红色不透明球体
21.     var sphere1 = BABYLON.MeshBuilder.CreateSphere("sphere1", {}, scene);
22.     sphere1.material = redMat;
23.     sphere1.position.z = 1.5;
24.
25.     //添加一个绿色透明球体
26.     var sphere2 = BABYLON.MeshBuilder.CreateSphere("sphere2", {}, scene);
27.     sphere2.material = greenMat;
28.
29.     return scene;
30.
31.   };
```

在场景中创建了两个球体：一个红色球体为不透明材质，一个绿色球体为透明材质，最终实现的效果如图3.50所示。可以看到，透明材质在两个物体重叠部分可以实现透明的效果。

图3.50　材质的透明度对比

## 3.11.5　纹理

纹理(Texture)有时候又被称为贴图，两者意思相同。在计算机图形学中，通过一张图片(Image)来作为模型的纹理，与材质的颜色接近。当材质创建完成后，可以设置材质的diffuseTexture、SpecularTexture、emmissiveTexture 或者 embientTexture。这里同样需要注意如果没有设置场景的环境色，那么 embientTexture 的设置也是无效的。具体设置的方法如下(在实际使用过程中，将纹理路径替换为真实的路径即可)：

```
1.    var myMaterial = new BABYLON.StandardMaterial("myMaterial", scene);
2.    myMaterial.diffuseTexture = new BABYLON.Texture("PATH TO IMAGE", scene);
3.    myMaterial.specularTexture = new BABYLON.Texture("PATH TO IMAGE", scene);
4.    myMaterial.emissiveTexture = new BABYLON.Texture("PATH TO IMAGE", scene);
5.    myMaterial.ambientTexture = new BABYLON.Texture("PATH TO IMAGE", scene);
6.    mesh.material = myMaterial;
```

当创建的材质为 StandardMaterial 时，如果没有指定法线，那么 Babylon.js 会自动计算法线。下面通过一个案例来说明材质的不同纹理是如何呈现的，以及针对光照有哪些反应。本案例选择使用一张草地的纹理来赋予材质，纹理样式如图 3.51 所示。

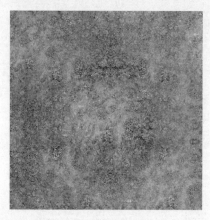

图 3.51　材质纹理样例

本案例的完整代码如下所示。

```
1.    var createScene = function () {
2.        var scene = new BABYLON.Scene(engine);
3.        var camera = new BABYLON.ArcRotateCamera("Camera", - Math.PI / 2,   Math.PI / 4, 5,
BABYLON.Vector3.Zero(), scene);
4.        camera.attachControl(canvas, true);
5.
6.        //半球光从左上角进行照射
7.        var light = new BABYLON.HemisphericLight("hemiLight", new BABYLON.Vector3( - 1, 1,
0), scene);
8.        light.diffuse = new BABYLON.Color3(1, 0, 0);
9.        light.specular = new BABYLON.Color3(0, 1, 0);
10.       light.groundColor = new BABYLON.Color3(0, 1, 0);
11.
12.       var grass0 = new BABYLON.StandardMaterial("grass0", scene);
13.       grass0.diffuseTexture = new BABYLON.Texture("textures/grass.png", scene);
14.
15.       var grass1 = new BABYLON.StandardMaterial("grass1", scene);
16.       grass1.emissiveTexture = new BABYLON.Texture("textures/grass.png", scene);
17.
18.       var grass2 = new BABYLON.StandardMaterial("grass2", scene);
```

```
19.     grass2.ambientTexture = new BABYLON.Texture("textures/grass.png", scene);
20.     grass2.diffuseColor = new BABYLON.Color3(1, 0, 0);
21.
22.     //漫反射纹理
23.     var sphere0 = BABYLON.MeshBuilder.CreateSphere("sphere0", {}, scene);
24.     sphere0.position.x = -1.5;
25.     sphere0.material = grass0;
26.
27.     //自发光纹理
28.     var sphere1 = BABYLON.MeshBuilder.CreateSphere("sphere1", {}, scene);
29.     sphere1.material = grass1;
30.
31.     //环境光纹理和漫反射颜色
32.     var sphere2 = BABYLON.MeshBuilder.CreateSphere("sphere2", {}, scene);
33.     sphere2.material = grass2;
34.     sphere2.position.x = 1.5;
35.
36.     return scene;
37.
38.   };
```

上述代码创建了 3 个球体,3 个球体分别设置了 3 种不同的材质,最左边的球体采用的材质为漫反射纹理,中间的球体采用的材质为自发光纹理,右边的球体采用的材质为环境纹理,并将材质的环境色设置为红色,3 种材质采用的纹理都为相同的草地纹理。

场景中只有一盏灯,即一个半球光来模拟环境光照,灯光的 diffuseColor 为红色,specularColor 为绿色,groundColor 为绿色。运行场景后,得到如图 3.52 所示的效果。

图 3.52 在物体具有半球光的前提下继续添加材质

## 3.11.6 透明纹理

前面已经提到过,可以设置材质的透明度,实现代码如下:

```
myMaterial.alpha = 0.5;
```

这种设置透明的方法针对的是整个材质的颜色透明度,而对于纹理来说,图像可能会存在一部分区域为透明区域,是没有颜色信息的,而另一部分为图案,拥有颜色,如图 3.53 所示的图像中就拥有透明区域。

图 3.53　拥有透明区域的纹理

很容易就可以观察到图 3.53 中的图像哪部分为透明区域,但这样的透明纹理具体如何实现,依然通过一个案例来说明,完整的代码如下:

```
1.    var createScene = function() {
2.        var scene = new BABYLON.Scene(engine);
3.        var camera = new BABYLON.ArcRotateCamera("Camera", 3 * Math.PI / 2, Math.PI / 2, 5,
BABYLON.Vector3.Zero(), scene);
4.        camera.attachControl(canvas, false);
5.
6.        var light = new BABYLON.HemisphericLight("light1", new BABYLON.Vector3(0, 1, 0), scene);
7.        light.intensity = 0.7;
8.
9.        var pl = new BABYLON.PointLight("pl", BABYLON.Vector3.Zero(), scene);
10.       pl.diffuse = new BABYLON.Color3(1, 1, 1);
11.       pl.specular = new BABYLON.Color3(1, 1, 1);
12.       pl.intensity = 0.8;
13.
14.       var mat = new BABYLON.StandardMaterial("dog", scene);
15.       mat.diffuseTexture = new BABYLON.Texture("https://upload.wikimedia.org/wikipedia/
commons/8/87/Alaskan_Malamute%2BBlank.png", scene);
16.       mat.diffuseTexture.hasAlpha = true;
17.       mat.backFaceCulling = false;
18.       var box = BABYLON.MeshBuilder.CreateBox("box", {}, scene);
19.       box.material = mat;
20.
21.        return scene;
22.    };
```

上述代码中创建了一个立方体,并将上面的透明纹理赋予立方体,最终运行场景会得到如图 3.54 所示的效果。

## 3.11.7　显示模型线框

打开网格(mesh)的线框显示方法非常简单,只需将材质的 wireframe 属性开关打开即可,代码如下:

```
materialSphere1.wireframe = true;
```

线框模型的显示效果如图 3.55 所示。

图 3.54　材质的立方体效果　　　　图 3.55　材质的线框模型

# 第 4 章　中国传统建筑三维

# 展示案例开发

## 4.1　基于 VSCode 开发环境配置

### 4.1.1　安装 VSCode 开发工具

Visual Studio Code(简称 VSCode),是微软在 2015 年 4 月 30 日 Build 开发者大会上正式宣布的一个可运行于 macOS X、Windows 和 Linux 操作系统之上的,针对现代 Web 和云应用开发的跨平台的源代码编辑器。它具有对 JavaScript、TypeScript、Node.js 等编程语言的内置支持,并支持丰富的其他语言(例如,C++、C♯、Java、Python、PHP、Go 等)和运行时(例如,.NET 和 Unity)的扩展生态系统。该编辑器具有所有现代编辑器应该具备的特性,包括语法高亮(syntax high lighting)、可定制的热键绑定(customizable keyboard bindings)、括号匹配(bracket matching)以及代码片段收集(snippets)。

VSCode 提供了丰富的快捷键操作,用户可通过 Ctrl+K+S 快捷键调出快捷键面板,查看全部的快捷键定义;也可在面板中双击任一快捷键,为某项功能指定新的快捷键组合。一些预定义的常用快捷键包括:

(1) 格式化文档(整理当前视图中的全部代码),Shift+Alt+F;

(2) 格式化选定内容(整理当前视图中被选定的部分代码),Ctrl+K+F;

(3) 放大视图,Shift+Ctrl+=;

(4) 缩小视图,Shift+Ctrl+-;

(5) 打开新的外部终端(打开新的命令行提示符),Shift+Ctrl+C。

该编辑器支持多种语言和文件格式,截至 2019 年 9 月,已经支持 37 种语言或文件格式,包括 F♯、HandleBars、Markdown、Python、Java、PHP、Haxe、Ruby、Sass、Rust、PowerShell、Groovy、R、Makefile、HTML、JSON、TypeScript、Batch、Visual Basic、Swift、Less、SQL、XML、Lua、Go、C++、Ini、Razor、Clojure、C♯、Objective-C、CSS、JavaScript、Perl、Coffee Script、Dockerfile、Dart 等。

在 Windows 上安装 VSCode 的方法非常简单,只需要下载其安装包并按照提示步骤安装即可,VSCode 下载地址请参考本书配套资源,进入网站后单击右上角的 Download 按钮即可下载安装,如图 4.1 所示。

图 4.1 下载 VSCode

## 4.1.2 Live Server 插件安装

在做 Web 开发时,常常需要搭建临时的 Web 服务器,用来调试或测试应用。Live Server 就是这样一个具有实时加载功能的小型服务器,可以使用它来运行前端的 HTML/CSS/JavaScript,但是不能用于部署最终站点,也就是说,可以在项目中用 Live Server 作为一个实时服务器查看开发的网页或项目的运行效果。

下面讲解如何安装和使用该服务器。在 VSCode 中安装 Live Server 非常简单。首先打开 VSCode,新建一个 index.html 文件,选择左侧面板 Extensions 选项,如图 4.2 所示。

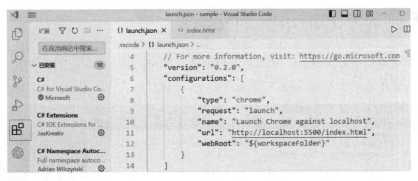

图 4.2 选择 Extensions 选项

在弹出的搜索框中,输入 Live Server,并单击 Install 按钮进行安装,如果已经安装过该扩展,那么按钮将会显示为 Uninstall,如图 4.3 所示。

安装好后,在 VSCode 右下方的任务栏中,单击 Go Live 按钮,即可运行服务,如图 4.4 所示。

服务启动后,可以看到服务的运行端口为 5500(不是固定的),同时会打开工作区目录下的 index 文件。

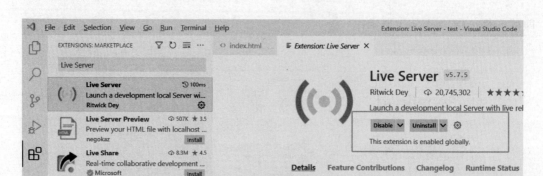

图 4.3  安装 Live Server 插件

(a) 单击 GO Live 按钮

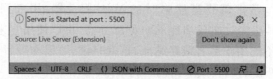

(b) Live Server 已启动

图 4.4  运行 Web 服务

## 4.1.3  在 VSCode 中调试代码

接下来讲解如何在 VSCode 中进行代码调试。首先从 Babylon.js 官方案例中,单击"下载"按钮,下载任意一个案例代码,如图 4.5 所示,下载后的文件名为 sample.zip。

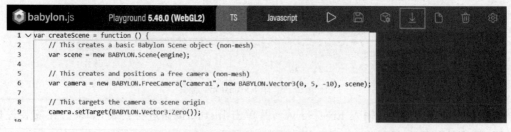

图 4.5  从 Babylon.js 官方案例中下载代码

将下载后的 zip 压缩包进行解压,然后在 VSCode 中选择 File→Open Folder 命令打开解压后的文件夹,接着在 VSCode 中单击菜单栏中的 Run(运行)按钮。

如图 4.6 所示,选择 Start Debugging(启动调试)命令,第一次单击时,VSCode 会创建一个 launch.json 文件,该文件是运行应用的配置文件,如图 4.7 所示。

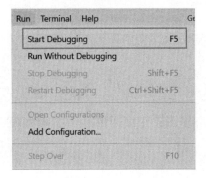

图 4.6　选择 Start Debugging(启动调试)命令

```
EXPLORER          ···    {} launch.json ×
∨ SAMPLE  🗂 🗗 ↻ 🗊    .vscode > {} launch.json > ...
 ∨ .vscode                1  {
   {} launch.json          2      // Use IntelliSense to learn about possible attributes.
   <> index.html           3      // Hover to view descriptions of existing attributes.
                           4      // For more information, visit: https://go.microsoft.com/fwlink/?linkid=830387
                           5      "version": "0.2.0",
                           6      "configurations": [
                           7          {
                           8              "type": "chrome",
                           9              "request": "launch",
                          10              "name": "Launch Chrome against localhost",
                          11              "url": "http://localhost:8080",
                          12              "webRoot": "${workspaceFolder}"
                          13          }
                          14      ]
                          15  }
```

图 4.7　自动创建运行应用的配置文件

编辑上述文件中的 URL,对端口号以及需要运行的文件进行配置。例如,这里运行 Live Server 的端口为 5500,并且指明网页文件为 index.html,因此需要将 URL 更改为如图 4.8 所示的内容。

```
{} launch.json ×
.vscode > {} launch.json > ...
 1  {
 2      // Use IntelliSense to learn about possible attributes.
 3      // Hover to view descriptions of existing attributes.
 4      // For more information, visit: https://go.microsoft.com/fwlink/?linkid=830387
 5      "version": "0.2.0",
 6      "configurations": [
 7          {
 8              "type": "chrome",
 9              "request": "launch",
10              "name": "Launch Chrome against localhost",
11              "url": "http://localhost:5500/index.html",
12              "webRoot": "${workspaceFolder}"
13
```

图 4.8　编辑应用运行配置文件

此时再次单击 Run 按钮或直接按键盘上的 F5 键即可运行项目,如图 4.9 所示。

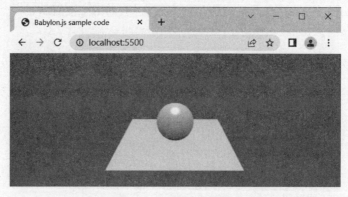

图 4.9　再次运行项目

注意,如果使用的默认浏览器为 Chrome,则需要右键单击该浏览器图标,选择"属性",打开"属性"对话框,在"快捷方式"选项卡中的"目标"属性中添加下列命令以开启远程调试端口:--remote-debugger-port=5500。

# 4.2　PBR 材质的使用

中国地大物博,建筑艺术源远流长。不同地域的建筑艺术风格等各有差异,但传统建筑在组群布局、空间、结构、建筑材料及装饰艺术等方面有着共同的特点,区别于西方建筑,享誉全球。中国古代建筑的类型很多,主要有宫殿、坛庙、寺观、佛塔、民居和园林建筑等。本章通过 Web3D 的技术,结合 PBR(基于物理的渲染)流程来实现建筑材质的表现,最终实现对中国传统建筑的线上展示。

## 4.2.1　PBR 材质简介

PBR(Physically Based Rendering)译成中文是基于物理的渲染。它是利用真实世界的原理和理论,通过各种数学方法推导、简化或模拟出一系列的渲染方程,并依赖计算机硬件和图形 API 渲染出拟真画面的技术。

真实世界的物体有着各自的材质属性和表面特征,它们受到各种局部灯光和全局环境光的影响,而且它们之间又相互影响,最终这些信息通过光波的形式进入复杂的人眼构造,刺激视神经形成生物信号进入大脑感光皮层,最终让人产生视觉认知,如图 4.10 所示。

基于现阶段的知识水平和硬件水平,还不能渲染出与真实世界完全一致的效果,只能在一定程度上模拟接近真实世界的渲染画面,故

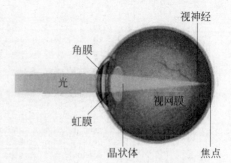

图 4.10　人眼的构造

而叫基于物理的渲染,而非物理渲染(Physical Rendering)。

PBR 的优势体现在如下几个方面。

(1) 真实性:基于物理原理的渲染让最终的效果更加逼真。

(2) 一致性:美术制作流程规范化、制作标准统一化。

(3) 复用性:模型材质与光照环境分离,在所有 PBR 项目中均可复用。

使用 PBR 技术渲染的真人电影、拟真电影以及各类动漫电影,数量非常多,比如早些年的《阿凡达》《飞屋环游记》,近期的《战斗天使》《流浪地球》《流浪地球 2》《驯龙高手 3》等。PBR 的身影也流传于 PC 游戏、在线游戏、移动游戏、主机游戏等游戏细分领域,如图 4.11 所示,赛车游戏中通过 PBR 技术能够渲染出拟真赛车场景,相信接触过游戏的人大多体验过这种次世代效果的魅力。

图 4.11　PBR 技术渲染的赛车场景

## 4.2.2　PBR 基础理论

接下来讲解 PBR 基础理论中的光照模型。满足以下条件的光照模型称为 PBR 光照模型。

### 1. 基于微平面模型

所有的材质表面都是由粗糙度不同的微小平面组成的。在不同粗糙度的平面上,光照产生的效果是不一样的。虽然都存在光的镜面反射,但是随着粗糙度的减小,镜面反射就会越亮,但是光照范围就会越小;反之,粗糙度越大,镜面反射则越弱,光照范围就越大,如图 4.12 和图 4.13 所示。

粗糙表面　　　　光滑表面　　　　　　　　粗糙表面　　　　光滑表面

所有材质表面都由粗糙度不同的微小平面组成,左边材质更粗糙,右边的材质更加光滑一些。

图 4.12　粗糙/光滑平面上的光照效果

0.1　　　0.3　　　0.5　　　0.8　　　1.0

粗糙度从0.1~1.0的变化图,粗糙度越小,镜面反射越亮范围越小;粗糙度越大,镜面反射越弱。

图 4.13　粗糙度对镜面反射程度的影响

### 2. 能量守恒

一束光照到材质表面上,通常会分成反射(reflection)部分和折射(refraction)部分。反射部分是指光直接从表面反射出去,而不进入物体内部,由此产生了镜面反射光;折射部分会进入物体内部,被吸收或者因散射产生漫反射。

反射光与折射光之间是互斥的,被表面反射出去的光无法再被材质吸收。故而,进入材质内部的折射光就是入射光减去反射光后余下的能量,相关代码如下:

```
1.  float kS = calculateSpecularComponent(...);        // 反射/镜面部分
2.  float kD = 1.0 - kS;                                // 折射/漫反射部分
```

光线在材质表面的反射和折射效果如图 4.14 所示。

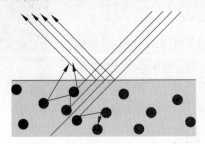

图 4.14　光线在材质表面的反射和折射

## 4.2.3　PBR 材质的制作

渲染管道或者渲染管线是一个概念模型,描述图形系统在将 3D 场景映射到 2D 屏幕时需要执行的步骤。如图 4.15 所示是在 PBR 渲染管线中经常用到的纹理。

图 4.15　PBR 渲染管线中的常用纹理

### 1. 反射率(Albedo)纹理

反射率纹理也叫固有色。反射率纹理指定了材质表面每个像素的颜色,如果材质是金属,那么纹理包含的就是基础反射率。与漫反射纹理非常类似,但是不包含任何光照信息,如图 4.16 所示,漫反射纹理通常会有轻微的阴影和较暗的裂缝,这些在反射率纹理中都不应该出现,而仅包含材质本身的颜色即可。

图 4.16　反射率纹理

### 2. 法线(Normal)纹理

法线纹理即法线贴图,可以逐像素指定物体表面法线,从而将平坦的表面渲染出凹凸不平的视觉效果,如图 4.17 所示。法线纹理的出现,是为了用低面数的模型模拟出高面数的模型的"光照信息"。光照信息最重要的当然是光入射方向与入射点的法线夹角。法线纹理本质上就是记录了这个夹角的相关信息,光照的计算与某个面上的法线方向息息相关。

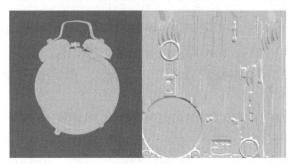

图 4.17　法线纹理

### 3. 金属度(Metallic)纹理

金属度纹理逐像素地指定了物体表面是金属还是电介质。根据 PBR 引擎各自的设定,金属程度既可以是[0.0,1.0]区间的浮点值,也可以是非 0 即 1 的布尔值,如图 4.18 所示。

### 4. 粗糙度(Roughness)纹理

粗糙度纹理逐像素地指定了表面有多粗糙,粗糙度的值影响了材质表面的微平面的平均朝向,粗糙的表面上反射效果更暗、更模糊,光滑的表面更亮、更清晰,如图 4.19 所示。有些 PBR 引擎用光滑度纹理替代粗糙度纹理,因为光滑度纹理更直观,将采样出来的光滑度使用公式:1－光滑度＝ 粗糙度,就能转换成粗糙度了。

### 5. 环境光遮挡(Ambient Occlusion,AO)纹理

AO 纹理为材质表面和几何体周边可能的位置提供了额外的阴影效果。比如有一面砖

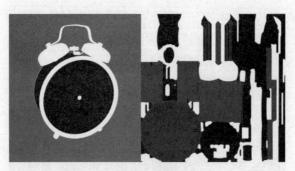

图 4.18　金属度纹理

图 4.19　粗糙度纹理

墙,在两块砖之间的缝隙里反射率纹理包含的应该是没有阴影的颜色信息,所以 AO 纹理可以用于这种需要更暗一些的场景,因为这种地方光线更难照射到。AO 纹理在光照计算的最后一步使用,可以显著提高渲染效果,如图 4.20 所示。模型或者材质的 AO 纹理一般是在建模阶段手动生成的。

图 4.20　AO 纹理

## 4.2.4　使用 Blender 导出 glTF 模型

Blender 是一款免费开源三维图形图像软件,提供从建模、动画、材质、渲染,再到音频处理、视频剪辑等一系列动画短片制作的解决方案,并且能够支持 Windows-macOS 和 Linux 操作系统,如图 4.21 所示为 Blender 打开后的首页面。

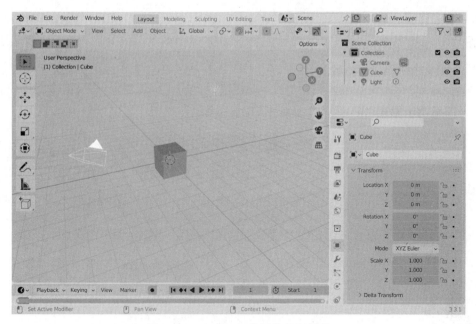

图 4.21　Blender 三维图像处理软件

在 Blender 的材质编辑器中,如图 4.22 所示,可以将多个层组合成一个易于使用的节点 Principled BSDF。它基于迪士尼原则模型(也称为 PBR 着色器),使其与皮克斯的 Renderman 和 Unreal Engine 等软件兼容。从 Substance Painter 这样的软件绘制或烘焙的图像纹理可以直接影响到此着色器中的相应参数。下面具体介绍。

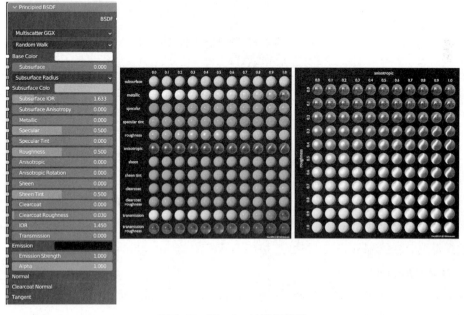

图 4.22　Blender 材质编辑器

**1. 基础色（Base Color）**

图片 Image Texture 的 Color 属性连接到 BSDF 中的 Base Color 属性，如图 4.23 所示。如果输入未连接，则输入的默认颜色（未连接套接字旁边的颜色字段）用作 glTF 材质的基本颜色。如果发现 Image Texture 节点连接到 Base Color 输入，则该图像将用作 glTF 基色，最后输出为材质 Material 的表面 Surface 属性。

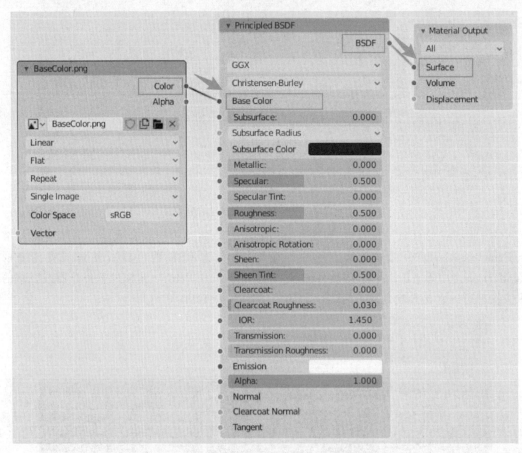

图 4.23　Color 属性与 BSDF 中的 Base Color 属性对应

**2. 金属（Metallic）**

数据源为 Non-Color data 属性，连接到 BSDF 中的 Metallic 属性。

**3. 粗糙度（Roughness）**

数据源为 Non-Color data 属性，连接到 BSDF 中的 Roughness 属性。

**4. 法线（Normal）**

数据源为 Non-Color data 属性，新建 Vector-normal map 和 Vector-bump node 节点，连接到 Normal 属性，再连接到 BSDF 中的 Normal 属性。

　　要在 glTF 中使用法线纹理,可以将 Image Texture 节点的输出 Color 属性连接到法线纹理节点的输入 Color 属性,然后将法线纹理输出 Normal 属性连接到 Principled BSDF 节点的法线输入 Normal 属性。为此,Image Texture 节点应将其 Color Space 属性设置为 Non-Color,如图 4.24 所示。法线纹理节点必须保留其默认属性 Tangent Space,因为这是 glTF 当前支持的唯一法线纹理类型。法线纹理的强度 Strength 属性可以在这个节点上调整(默认为 1.000)。导出器不会直接导出这些节点,而是使用它们来定位正确的图像并将强度设置复制到 glTF 中。

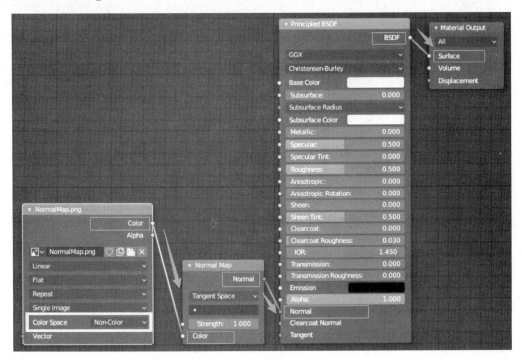

图 4.24　glTF 中使用法线纹理

### 5. Height/Displacement 等高线

数据源为 Non-Color data 属性,连接到 BSDF 中的 Metallic 属性。

### 6. Ambient Occlusion 环境光遮蔽

Blender 会自动进行环境光遮蔽的处理。

## 4.2.5　在 Sandbox 中查看模型效果

经过 Blender 处理和导出的模型,可以在 Babylon 的 Sandbox 中查看该模型,如图 4.25 所示。

(a) 全局场景视角

(b) 楼宇正视图

图 4.25　在 Sandbox 中查看模型

# 4.3　模型导出

## 4.3.1　常见的 3D 模型格式

常见的 3D 模型格式有如下几种。

### 1. FBX 格式

FBX 是 Autodesk 的一个用于跨平台的免费三维数据交换的格式（最早不是由 Autodesk 开发，但后来被 Autodesk 收购），目前被众多的标准建模软件所支持，在游戏开发领域也常用来作为各种建模工具的标准导出格式。Autodesk 提供了基于 C++（还有

Python)的 SDK 来实现对 FBX 格式的各种读写、修改以及转换等操作,之所以这样做,是因为 FBX 的格式不是公开的,这也是 FBX 受到诟病的原因之一。

### 2. OBJ 格式

OBJ 文件是 Alias|Wavefront 公司为它的一套基于工作站的 3D 建模和动画软件 Advanced Visualizer 开发的一种标准 3D 模型文件格式,很适合用于 3D 软件模型之间的导入/导出,也可以通过 Maya 读写。比如在 3ds Max 或 LightWave 中建了一个模型,想把它调入 Maya 里面渲染或动画,导出 OBJ 文件就是一种很好的选择。目前几乎所有知名的 3D 软件都支持 OBJ 文件的读写,不过其中很多需要通过插件才能实现。OBJ 文件是一种文本文件,可以直接用写字板打开进行查看和编辑修改。另外,有一种与此相关二进制文件格式(＊.MOD),但其作为专利未公开,因此这里不做讨论。

### 3. STL 格式

STL(stereolithography,光固化立体造型术)文件格式是由 3D SYSTEMS 公司于 1988 年制定的一个接口协议,是一种为快速原型制造技术服务的三维图形文件格式。STL 文件由多个三角形面片的定义组成,每个三角形面片的定义包括三角形各个定点的三维坐标及三角形面片的法向量。

### 4. glTF 格式

glTF(graphics language Transmission Format,图形语言传输格式)是一种跨平台格式,已成为 Web 上的 3D 对象标准。它由 OpenGL 和 Vulkan 背后的 3D 图形标准组织 Khronos 定义,这使得 glTF 基本上成为 3D 模型的 JPG 格式——Web 导出的通用标准。A-Frame 和 Three.js 原生支持 GLTF。尽管一些 3D Web 框架支持特定于平台的模型格式,如 FBX 和 OBJ,但绝大部分框架都支持 glTF,3D 模型可以优选 glTF 格式。glTF 是对近二十年来各种 3D 格式的总结,使用最优的数据结构,来保证最大的兼容性以及可伸缩性。glTF 使用 JSON 格式进行描述,也可以编译成二进制的内容——bglTF。glTF 可以包括场景、相机、动画等,也可以包括网格、材质、纹理,甚至包括了渲染技术、着色器以及着色器程序。同时由于 JSON 格式的特点,它支持后续一定的扩展。

## 4.3.2　从 3ds Max 软件导出 glTF 模型

为 3ds Max 安装 Babylon.js 导出插件,可以从 Babylon.js 的 Github 项目上获取到最新的 Exporter 安装文件,如图 4.26 所示。

安装文件下载完成后,双击运行,逐步安装该插件,如图 4.27 所示,如果后续有新版本可以单击 Update 按钮进行更新。

安装完成后,会在 3ds Max 菜单栏中出现 Babylon 导出菜单,如图 4.28 所示。

单击 Babylon File Exporter 将会弹出导出设置窗口,如图 4.29 所示,可以进行导出的基本设置。

## 4.3.3　从 Blender 导出 glTF 模型

针对 Blender 的导出插件同样可以在 Babylon 的 Github 仓库中获取到最新的版本,下

图 4.26　Github 获取 Babylon.js 导出组件

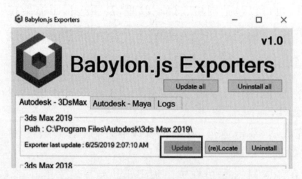

图 4.27　安装 Babylon.js 导出组件

图 4.28　3ds Max 菜单栏中的 Babylon 导出菜单

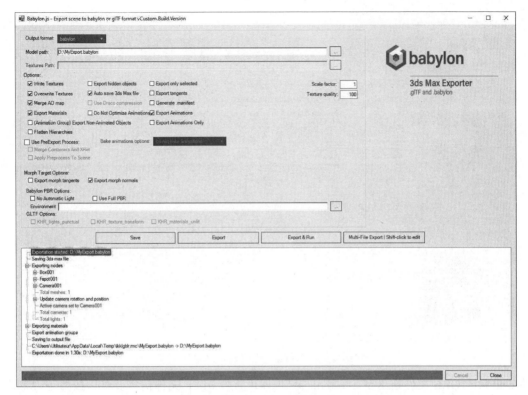

图 4.29　Babylon 导出菜单中的设置

载安装文件后,按照下列步骤进行安装。

（1）下载最新版插件。

（2）打开 Blender,选择 File→ Blender User Preferences（用户首选项）命令,切换至 Add-ons（附加组件）选项卡。

（3）单击底部的 Install Add-on from File（从文件安装插件）按钮。

（4）选择下载的 zip 文件并单击 Install Add 按钮。

（5）安装完成后,选中插件名称前面的复选框进行启用,单击 Save User Settings 按钮 保存设置,如图 4.30 所示。

打开导出面板,如图 4.31 所示。

导出面板中包括如下 3 种类型的选项,可根据项目模型的要求灵活选择导出的类型。

（1）All:所有的文件都会被导出。

（2）Selected:选中的文件会被导出。

（3）Layers:隐藏的层将不会被导出。

## 4.3.4　在 Sandbox 中查看 glTF 模型

Babylon.js 提供了一个功能非常强大的 Sandbox 工具,用户可以将导出的 glTF 文件

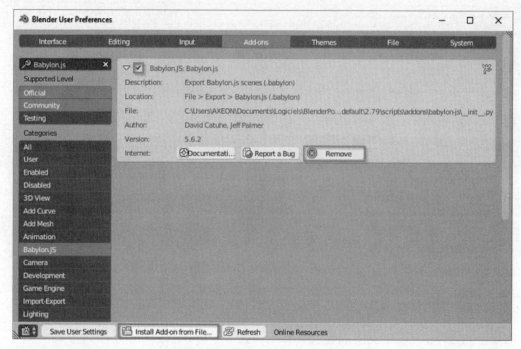

图 4.30　Blender 中安装导出组件

或二进制的 GLB 文件拖曳至 Sandbox 窗口，即可查看 glTF 文件信息。可以按照下面的操作进入 Sandbox：选择 TOOLS→SANDBOX 命令，即可打开 Sandbox 窗口，如图 4.32 所示。

　　按图 4.32 选择后将会进入到新的页面，如图 4.33 所示，提示将模型拖入当前新页面中。

　　接下来将 glTF 文件拖入到如图 4.33 所示页面的空白区域，Sandbox 就会将模型打开，如图 4.34 所示。

　　Sandbox 会自动计算模型的大小并将其以合适的角度显示，这时用户可以通过鼠标来控制查看角度以及与模型的距离。如果还想查看更多的信息，可以在右下角单击 Display Inspector 按钮，打开当前场景的 Inspector 面板，如图 4.35 所示。

　　在该面板中包含了很多功能，包括场景中的节点信息、材质、纹理、动画、粒子、Sprite 精灵对象、动画等，如图 4.36 所示。除了查看之外，开发者也可以直接编辑其中的属性，例如，修改缩放比例、删除节点等。如果发现模型需要调整或进行修改，则可以在该面板中进行操作，操作完成后可以重新导出场景。

　　这里既可以导出为 GLB 文件，也可以导出 Babylon.js 原生支持的 .babylon 场景文件。注意，babylon 是 Babylon.js 引擎自己创建的场景格式，可以包含 ParticleSystem 等信息，但是 GLB 和 glTF 文件作为通用格式是无法支持诸如 ParticleSystem 等数据的。

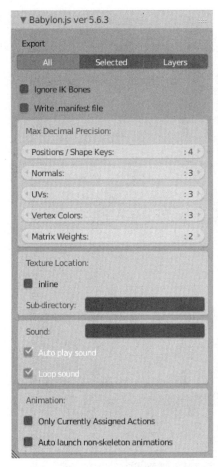

图 4.31　导出面板

图 4.32　选择 SANDBOX 命令

图 4.33　打开 Sandbox

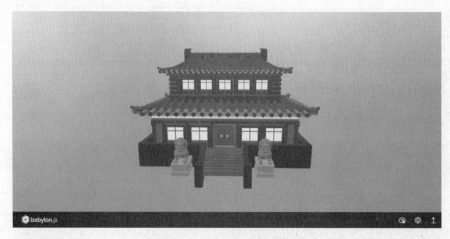

图 4.34 Sandbox 中打开模型

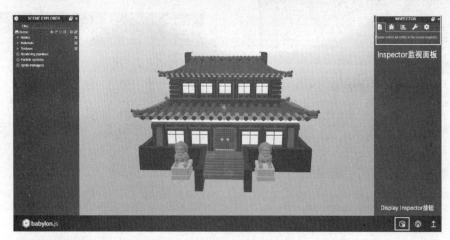

图 4.35 打开 Inspector 面板

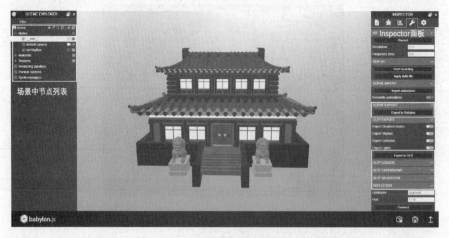

图 4.36 在 Inspector 面板中针对模型进行详细设置

# 4.4　加载页面

## 4.4.1　基础页面创建

在 4.3 节中已经创建了工程目录,并且创建了 index.html 文件作为项目的主页,接下来正式开始制作项目案例。首先创建一个基本的 html 页面,代码如下:

```
1.  <!DOCTYPE html >
2.  < html >
3.     < head >
4.     < meta http - equiv = "Content - Type" content = "text/html; charset = utf - 8" />
5.     <title>中国传统建筑三维展示案例</title>
6.     </head>
7.     < body >
8.     </body>
9.  </html>
```

基本的 html 页面框架包含了 html、body、head、title 标签,并通过 meta 标签设置了 html 文档的基本属性,例如,将文档的编码设置为 utf-8,这样页面就可以支持中文字符。另外,将 title 的内容设置为"中国传统建筑三维展示案例",用来作为页面的标题。上述代码编写完成后,将得到一个空白的 html 页面。

## 4.4.2　创建加载页面

通常情况下,在进入 3D 场景时,由于 3D 资源相较于 2D 资源会占用更大的空间,因此在进入 3D 场景时需要等待更长的时间。为了给用户一个加载场景的提示,并让用户能够知道大概需要多久才能进入场景,一般都会在 3D 页面渲染之前添加一个加载页面。加载页面会给用户一些必要的提示信息,例如,显示"页面正在加载中,请耐心等候……"这样的文字信息,并告诉用户当前的加载百分比。下面实现一个加载页面。

### 1. 创建加载页面标签元素

```
1.  < div id = "loading_bg" class = "loading_bg"></div>
2.     < div id = "progress - bar" class = "container">
3.        < div class = "progress">
4.           < div id = "bar" class = "progress - bar progress - bar - danger progress - bar - striped" style = "width: 100 % ;">
5.              < div class = "progress - value"> 0 % </div>
6.        </div>
7.     </div>
8.  </div>
```

在前面的 HTML 文档中添加上述代码,主要分为加载页面的背景、前面的加载条以及文字加载进度 3 个部分,为新增的标签设定了 class 和 id,一方面是便于为这些标签添加样式,另一方面可以在 JavaScript 脚本中通过 DOM 来查询对应的标签,并修改其值。

**2. 为加载页面创建样式**

加载页面包含背景图片、前景中的元素、加载条以及进度说明文字。首先设置背景的样式,代码如下:

```
1.   body{
2.     background: ♯5e2723;
3.     overflow: hidden;
4.     width: 100%;
5.     height: 100%;
6.     margin: 0;
7.     padding: 0;
8.   }
9.   .loading_bg{
10.    position:fixed;
11.    width: 100%;
12.    height: 100%;
13.    top: 0;
14.    left: 0;
15.    background: url(images/loading_bg.jpg) no-repeat;
16.    background-size: 100% 100%;
17.  }
```

背景的样式主要分为两部分:第一部分为页面 body 的样式,设置了背景色,以及页面的宽和高,这里都设置为100%全屏;第二部分为 loading_bg 的样式,loading_bg 在之前的页面标签中已经进行了定义。这里要特别说明的是,在 loading_bg 的样式中,background的属性最为核心,它将背景设置为指定路径下的一张图片 loading_bg.jpg。页面加载后的效果如图 4.37 所示。

图 4.37 页面加载后的显示效果

背景样式设置完成后，接下来设置加载进度的样式，代码如下：

```
1.   .progress{
2.     width: 800px;
3.     height: 25px;
4.     background: #262626;
5.     padding: 5px;
6.     overflow: visible;
7.     border-radius: 20px;
8.     border-top: 1px solid #000;
9.     border-bottom: 1px solid #7992a8;
10.    margin-top: 50px;
11.    box-shadow: inset 0 1px 2px rgb(0 0 0 / 10%);
12.    box-sizing: border-box;
13.  }
14.  .progress .progress-bar{
15.    border-radius: 20px;
16.    position: relative;
17.    animation: animate-positive 2s;
18.  }
19.  .progress .progress-value{
20.    display: block;
21.    padding: 3px 7px;
22.    font-size: 13px;
23.    color: #fff;
24.    border-radius: 4px;
25.    background: #191919;
26.    border: 1px solid #000;
27.    position: absolute;
28.    top: -40px;
29.    right: -10px;
30.  }
31.  .progress .progress-value:after{
32.    content: "";
33.    border-top: 10px solid #191919;
34.    border-left: 10px solid transparent;
35.    border-right: 10px solid transparent;
36.    position: absolute;
37.    bottom: -6px;
38.    left: 26%;
39.  }
40.  .progress-bar-danger{
41.    background-color: #d9754f;
42.  }
43.  .progress-bar.active{
44.    animation: reverse progress-bar-stripes 0.40s linear infinite, animate-positive 2s;
45.  }
46.  @-webkit-keyframes animate-positive{
47.    0% { width: 0; }
```

```
48.    }
49.    @keyframes animate-positive{
50.      0% { width: 0; }
51.    }
52.    .container{
53.      position: fixed;
54.      bottom: 150px;
55.      left: 50%;
56.      transform: translateX(-50%);
57.      width: 800px;
58.    }
```

进度条的样式内容较多,这里值得一提的是@-webkit-keyframes,这是 CSS3 中的用于制作动画的方式,更多关于 CSS 的知识请查阅相关资料。页面的元素和样式制作完成后,运行 index 页面,将在浏览器中看到如图 4.38 所示的效果。

图 4.38　显示加载进度条

目前进度条的进度和文字提示都是静态的,如何让进度条按照加载进度实时变化呢?只需要在后续的 JavaScript 脚本中修改页面中的两个属性。

```
1.   <div id="bar" class="progress-bar progress-bar-danger progress-bar-striped"
style="width: 100%;">
2.   <div class="progress-value">0%</div>
```

上述两个属性中"style="width:100%;""表示进度条的加载;progress-value 中的百分比为加载进度文字提示。

至此,已经实现了加载页面的制作,但是细心的读者就会发现,如果在手机中运行 index 页面,会发现页面并没有适配移动端的设备。因此还需要针对移动端重新进行 CSS 样式的

设置,代码如下:

```
1.   @media screen and (max-width: 1000px) {
2.     .loading_bg{
3.       background: url(images/loading_bg1.jpg) no-repeat;
4.       background-size: cover;
5.       background-position: 0 -100px;
6.     }
7.     .container{
8.       width: 750px;
9.       bottom: 25%;
10.    }
11.    .progress{
12.      width: 100%;
13.      height: 40px;
14.    }
15.    .progress .progress-value{
16.      font-size: 30px;
17.      padding: 16px 14px;
18.      top: -70px;
19.      right: -40px;
20.      border-radius: 8px;
21.    }
22.    .progress .progress-value:after{
23.      border-top: 20px solid #191919;
24.      border-left: 20px solid transparent;
25.      border-right: 20px solid transparent;
26.      position: absolute;
27.      bottom: -12px;
28.      left: 30%;
29.    }
30.  }
```

## 4.5　场景加载

在完成 html 页面和加载界面的基本功能后,接下来正式进入 3D 场景的开发过程。首先定义 HTML5 中的 Canvas 元素,俗称画布,画布是用来渲染 3D 场景的基本元素,定义方式如下:

```
<canvas id="renderCanvas"></canvas>
```

接下来在页面中引用 Babylon.js 的框架脚本,以及 jQuery 脚本。

```
1.   <script src="https://upcdn.b0.upaiyun.com/libs/jquery/jquery-2.0.2.min.js"></script>
2.   <script src="https://ilab-oss.arvroffer.com/WebXR/babylon/babylon.js"></script>
3.   <script src="https://ilab-oss.arvroffer.com/WebXR/babylon/babylonjs.materials.min.js"></script>
```

```
4.  < script src = "https://ilab - oss. arvroffer. com/WebXR/babylon/babylonjs. loaders. min.
js"></script>
5.  < script src = "https://ilab - oss. arvroffer. com/WebXR/babylon/babylonjs. postProcess.
min. js"></script>
6.  < script src = "https://ilab - oss. arvroffer. com/WebXR/babylon/babylonjs. proceduralTextures.
min. js"></script>
7.  < script src = "https://ilab - oss. arvroffer. com/WebXR/babylon/babylonjs. serializers.
min. js"></script>
8.  < script src = "https://ilab - oss. arvroffer. com/WebXR/babylon/babylon. gui. min. js"></script>
9.  < script src = "https://ilab - oss. arvroffer. com/WebXR/babylon/babylon. inspector. bundle.
js"></script>
```

导入上述脚本之后,才能调用 Babylon. js 的主要 API 接口。创建一个 script 标签,然后初始化引擎和场景,才能进行后续的操作。

### 4.5.1　设置 Canvas

通过 DOM API 来获取 Canvas 元素,并将 Canvas 的尺寸设置为屏幕大小,代码如下:

```
1.  var canvas = document. getElementById("renderCanvas");
2.  canvas. width = screen. width;
3.  canvas. height = screen. height;
```

函数 document. getElementById()将会遍历 DOM 树,并将 ID 为 renderCanvas 的元素返回,这样就得到了 Canvas 对象,然后设置其属性。

### 4.5.2　初始化引擎

Babylon. js 初始化引擎需要将 Canvas 通过参数传递给 Engine 函数,具体实现方式如下:

```
1.  var createDefaultEngine = function() {
2.      return new BABYLON. Engine(canvas, true, {
3.          preserveDrawingBuffer: true,
4.          stencil: true
5.      });
6.  };
7.
8.  var engine = createDefaultEngine();
9.  if (!engine) throw 'engine should not be null.';
```

如果引擎无法正常初始化,那么就给出报错信息,提示引擎不能为空。

### 4.5.3　创建场景 Scene

创建场景时,需要将上一步创建的引擎对象 Engine 传递给 Scene 的构造器,最后返回 Scene。

```
1.   var createScene = function() {
2.       scene = new BABYLON.Scene(engine);
3.       scene.clearColor = new BABYLON.Color4(0.2, 0.5, 0.8, 1);
4.
5.       scene.beforeRender = function() {
6.
7.       };
8.
9.       scene.afterRender = function(){
10.
11.      };
12.      return scene;
13.  }
```

上述代码中创建了一个 createScene 方法，用于初始化场景。通过构造器创建 Scene 后，还应通过 clearColor 属性设置场景的背景颜色，同时监听 Scene 的两个生命周期函数 beforeRender 和 afterRender。这两个函数可以处理场景渲染之前和渲染之后的一些功能。beforeRender 和 afterRender 函数创建完成后，可以调用它们完成场景的创建。

### 4.5.4　游戏循环

3D 场景一旦创建完成后，会不断地对画面进行刷新，每秒画面刷新的次数称为 FPS（Frames Per Second）。FPS 的数值越大，表示画面越流畅，而且在游戏循环中还可以完成很多工作，例如计时功能、事件监听等。

```
1.   engine.runRenderLoop(function() {
2.   if (scene) {
3.     scene.render();
4.   }
5.   });
```

至此，已经完成了项目框架的搭建，接下来就需要给场景中添加具体的游戏对象内容了。

### 4.5.5　相机的创建

如果想要渲染一个 3D 场景，相机是必不可少的，Babylon.js 提供了多种类型的相机。一般地，如果所创建的场景是展示一个模型或一个建筑，则会选择 ArcRotateCamera，即轨道相机。轨道相机能够实现相机围绕目标进行观看，并且在手机浏览器上已经做了适配，是在 Web3D 中使用率非常高的相机。创建轨道相机的方式如下：

```
1.   var camera = new BABYLON.ArcRotateCamera("Camera", 0, 1.35, 200, BABYLON.Vector3.Zero(), scene);
```

轨道相机的构造函数一共包含 6 个参数，下面逐一进行解释。

（1）name：相机名称，这里的名称设置为 Camera。

（2）alpha：相机相对于纵轴的旋转，此处值为 0，即从正面观察目标。

（3）beta：相机相对于横轴的旋转，此处值为 1.35，相对观察目标有一个俯视角度。

（4）radius：相机与观察目标的距离，此处值为 200。

（5）target：目标的位置，这里设置为坐标原点。后续需要展示的 3D 模型的初始位置都在坐标原点，这样就相当于相机的观察目标为 3D 模型。

（6）scene：场景名称。

轨道相机在使用的过程中需要设置一些参数值，从而更好地匹配展示和交互的需求。本案例中设置了如下参数：

```
1.   camera.attachControl(canvas, false);        //绑定对相机的控制
2.   camera.lowerBetaLimit = 0.8;                 //横轴旋转的最小值
3.   camera.upperBetaLimit = 1.3;                 //横轴旋转的最大值
4.   camera.lowerRadiusLimit = 65;                //最小的距离
5.   camera.upperRadiusLimit = 600;               //最大的距离
6.   camera.angularSensibilityX = 5000;           //X方向旋转的灵敏度
7.   camera.angularSensibilityY = 5000;           //Y方向旋转的灵敏度
8.   camera.pinchPrecision = 100;                 //放大缩小的精度
```

## 4.5.6　创建天空盒

在 3D 场景中，通常采用一个天空盒（Skybox）来模拟天空。天空盒是一个围绕场景的大立方体，它会包裹场景的所有模型，立方体的每个面都有绘制天空的图像，那么为何不用 3D 模型来模拟呢？这是因为图像的渲染效率更高，同样的方式也可以用于远景的场景设计。在 Babylon.js 中，天空盒使用 CubeTexture 函数来实现。CubeTexture 函数采用 URL（默认情况下）并附加_px.jpg、_nx.jpg、_py.jpg、_ny.jpg、_pz.jpg 和_nz.jpg 作为后缀的图片来加载＋x、－x、＋y、－y、＋z 和－z 轴向立方体的侧面（如果需要，可以自定义这些后缀），具体设置如图 4.39 所示。

如图 4.40 所示的图像序列展示了一个天空盒素材的案例。

拥有了天空素材后，接下来在场景中添加天空盒，作为展示传统建筑的场景，代码如下：

```
1.   var skybox = BABYLON.Mesh.CreateBox("skyBox", 2000.0, scene);
2.   var skyboxMaterial = new BABYLON.StandardMaterial("skyBox", scene);
3.   skyboxMaterial.backFaceCulling = false;
4.   var files = 'day2/day2';
5.   skyboxMaterial.reflectionTexture = new BABYLON.CubeTexture(files, scene);
6.   skyboxMaterial.reflectionTexture.coordinatesMode = BABYLON.Texture.SKYBOX_MODE;
7.   skyboxMaterial.disableLighting = true;
8.   skybox.material = skyboxMaterial;
```

在上述代码中，通过 files 变量指定了存放天空盒素材图片的文件夹路径，并且确保相应的图片已经按照文件名的命名规范进行了准确命名。

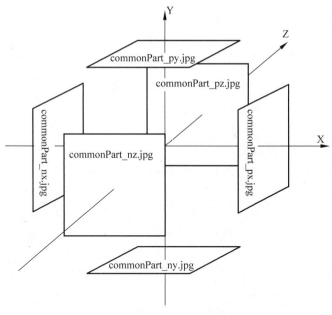

图 4.39 天空盒方位设置

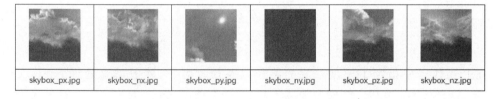

图 4.40 天空盒素材案例

## 4.5.7 创建环境灯光

接下来创建一个半球光来模拟环境灯光,用于照亮建筑模型。注意,需要设置半球光的方向以及光照强度 intensity。

```
1.  var light = new BABYLON.HemisphericLight("light1", new BABYLON.Vector3(0, 1, 0), scene);
2.  light.intensity = 1.8;
```

## 4.5.8 模型加载

完成了前面的步骤后,终于要开始加载建筑的三维模型了。第 3 章已为大家讲解了场景资源的管理,在本案例中选择 ImportMesh 接口来加载模型。首先通过 Babylon.js 的 API 文档来查看 ImportMesh 接口的使用,如图 4.41 所示。

该接口的主要参数如下。

(1) rootUrl:模型文件的根路径。

Static **ImportMesh**                                           Search playground for ImportMesh

▶ ImportMesh(meshNames: *any*, rootUrl: *string*, sceneFilename?: *string | File*, scene?: *Nullable<Scene>*, onSuccess?:
*Nullable<SceneLoaderSuccessCallback>*, onProgress?: *Nullable<(event: ISceneLoaderProgressEvent) => void>*, onError?:
*Nullable<(scene: Scene, message: string, exception?: any) => void>*, pluginExtension?: *Nullable<string>*):
*Nullable<ISceneLoaderPlugin | ISceneLoaderPluginAsync>*

图 4.41 查看 API 文档

（2）sceneFilename：glb 或 glTF 文件的名称。

（3）onSuccess：加载成功回调。

（4）onProgress：加载进度的回调。

根据函数的参数，就可以通过如下代码进行模型的加载了。

```
1.    BABYLON. SceneLoader. ImportMesh(
2.    "",
3.    "https://ilab-oss.arvroffer.com/WebXR/JianZhu/bwg/",
4.    "cs3.gltf",
5.    scene,
6.    function(newMeshes) {
7.     //onSuccess 加载成功回调代码
8.    },
9.    function(evt) {
10.    //onProgress 加载进度回调代码
11.
12.    }
13.  );
```

在上述代码中指定了模型存放的路径以及模型名称，接着需要处理 onSuccess 和 onProgress 两段回调代码。当模型加载成功后，需要将 Camera 的 target 设置为新加载的 mesh，同时隐藏加载进度。

```
1.    camera.target = newMeshes[0];
2.    engine.hideLoadingUI();
```

其中，hideLoadingUI 函数定义如下：

```
1.    customLoadingScreen. prototype. hideLoadingUI = function() {
2.     document. getElementById("progress-bar"). style. display = "none";
3.     document. getElementById("loading_bg"). style. display = "none";
4.    };
```

通过设置对应标签的 display 的取值来隐藏加载界面中的加载背景图片和加载进度条。接着处理 onProgress 回调函数，onProgress 会返回加载的进度。在该回调函数中进行简单的计算，并将计算的值设置到界面元素上，就实现了加载进度的动态效果。

```
1.    var loadedPercent = 0;
2.    if (evt. lengthComputable) {
3.     loadedPercent = (evt. loaded * 100 / evt. total). toFixed();
```

```
4.    } else {
5.      var dlCount = evt.loaded / (1024 * 1024);
6.      loadedPercent = Math.floor(dlCount * 100.0) / 100.0;
7.    }
8.    loadbar.setProgress(loadedPercent);
```

其中,setProgress 函数的定义如下:

```
1.    LoadingBar.prototype = {
2.      constructor: LoadingBar,
3.      setProgress: function(val) {
4.        this.currentProgress = val + " % ";
5.        this.percentEle.style = "width: " + (this.currentProgress) + ";";
6.        this.percentNumEle.text(this.currentProgress);
7.      }
8.    };
```

# 4.6　场景交互

## 4.6.1　UI 的创建

Babylon.js 的 GUI 库是一个可用于生成交互式用户界面的扩展。它建立在 DynamicTexture 之上。源代码可在主 Babylon.js 存储库中获得(网址请参考本书配套资源),读者可以在这里找到一个完整的 Demo 演示(网址请参考本书配套资源),演示效果如图 4.42 所示。

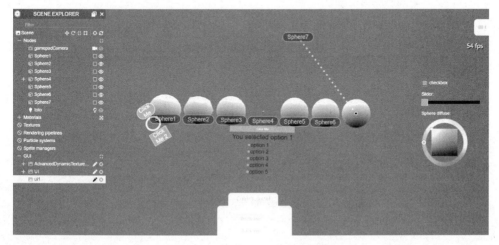

图 4.42　Babylon.js 的 GUI 演示

请注意,除了下面描述的 Babylon 2D GUI 系统之外,使用 Babylon.js v3.3 及更高版本时还可以利用 3D GUI 系统。两种系统均可用于项目的不同需求,Babylon.GUI 使用

DynamicTexture 生成功能齐全的用户界面,该界面灵活且使用了 GPU 加速来保证效率。下面定义一个全屏的 GUI 界面。

```
1.   var advancedTexture = BABYLON.GUI.AdvancedDynamicTexture.CreateFullscreenUI("ui1");
```

创建了 GUI 后,接着创建两个按钮,分别是打开背景音乐和关闭背景音乐按钮。

```
1.   //创建一个 Image 作为按钮,Image 可加载显示一个 png 或 jpg 图像
2.   var buttonOff = new BABYLON.GUI.Image("musicbutton", "images/yinpin - off.png");
3.   //设定按钮的宽和高
4.   buttonOff.width = "60px";
5.   buttonOff.height = "60px";
6.   //设定按钮的位置
7.   buttonOff.left = - Math.floor(engine.getRenderWidth(true)) / 2 + 50;     //在屏幕上居右侧
8.   buttonOff.top = - Math.floor(engine.getRenderHeight(true)) / 2 + 50;
9.   //设定按钮的层级
10.  buttonOff.zIndex = 6;
11.  //是否显示按钮
12.  buttonOff.isVisible = true;
13.  //是否响应鼠标事件
14.  buttonOff.isPointerBlocker = true;
15.  //处理鼠标单击按钮的响应函数
16.  buttonOff.onPointerClickObservable.add(function() {
17.    //鼠标单击后移除关闭按钮
18.    advancedTexture.removeControl(buttonOff);
19.    //增加打开按钮
20.    advancedTexture.addControl(buttonOn);
21.    //播放音乐
22.    PlayMusic(bgMusic);
23.    PlayMusic(introMusic);
24.  });
25.
26.  //创建打开音乐按钮,与关闭按钮的逻辑刚好相反
27.  var buttonOn = new BABYLON.GUI.Image("musicbutton", "images/yinpin - on.png");
28.  buttonOn.width = "60px";
29.  buttonOn.height = "60px";
30.  buttonOn.left = - Math.floor(engine.getRenderWidth(true)) / 2 + 50;    //在屏幕上居右侧
31.  buttonOn.top = - Math.floor(engine.getRenderHeight(true)) / 2 + 50;
32.  buttonOn.zIndex = 6;
33.  buttonOn.isVisible = true;
34.  buttonOn.isPointerBlocker = true;
35.  buttonOn.onPointerClickObservable.add(function() {
36.    advancedTexture.removeControl(buttonOn);
37.    advancedTexture.addControl(buttonOff);
38.    PauseMusic(bgMusic);                        //暂停音乐
39.    PauseMusic(introMusic);});
```

默认情况下背景音乐是关闭的,因此需要打开的是关闭按钮。

```
advancedTexture.addControl(buttonOff);
```

在上述代码中读者可能已经注意到,按钮事件的处理是通过 onPointerClickObservable 实现的,按钮添加完成后,运行场景,可以看到按钮的效果如图 4.43 所示。

图 4.43　添加背景音乐开关按钮的效果

## 4.6.2　音乐的创建和控制

在第 3 章中已经介绍了音频文件的使用,在这里通过代码直接引入音频素材。

```
1.   var introMusic = new BABYLON.Sound("intro", "resources/intro.mp3", scene, null, { loop:
     true, autoplay: false });
2.   introMusic.setVolume(0.5);
3.   PlayMusic(introMusic);
```

上述代码指定了位于 resources 目录下的 intro.mp3 文件作为背景介绍的音频素材,并设置了以下属性。

(1) loop:是否循环,这里设置为 true。

(2) autoplay:是否自动播放,此处设置为 false,通过打开按钮进行播放,代码在按钮事件中已经展示。

(3) 通过调用 setVolume 来设置音频的音量,音量范围为 0~1,此处取值 0.5。

同时,封装了 PlayMusic、PauseMusic、StopMusic 三个函数来控制音乐的播放、暂停和停止,代码如下:

```
1.   //播放音乐的函数
2.     var PlayMusic = function(music) {
3.       //判断音乐是否正在播放,若不在播放,则调用 play
4.       if(!music.isPlaying) {
5.         music.play();
6.       }
7.     };
8.   //暂停音乐的函数
```

```
9.    var PauseMusic = function(music) {
10.    //判断音乐是否处于暂停状态,如果没有暂停,则调用 pause
11.    if(!music.isPaused) {
12.     music.pause();
13.    }
14.   };
15. //停止播放音乐,直接调用 stop
16.  var StopMusic = function(music) {
17.   music.stop();
18.  };
```

### 4.6.3  场景中物体的交互

前面讲解的 UI 是通过鼠标或触摸屏的操作来实现的。UI 位于屏幕的二维界面上,对于一个 3D 场景来说,除了能够响应 UI 的交互事件外,还需要响应 3D 场景的交互。3D 场景的交互需要注册 Scene 类型中的 onPointerDown 函数来实现。

```
1.   //当鼠标按下的事件被监听到
2.    scene.onPointerDown = function (evt, pickResult) {
3.     // 如果鼠标拾取到了场景中的物体
4.     if (pickResult.hit) {
5.      //得到鼠标拾取物体的名称
6.      var hitName = pickResult.pickedMesh.name;
7.      console.log(hitName);
8.      //判断名称是否以 N_开头
9.      var fdStart = hitName.indexOf("N_");
10.      //如果是 N_开头,则显示介绍信息
11.      if(fdStart == 0){
12.       gui.showIntro(hitName);
13.      }
14.      //如果拾取物体为 zhiyin 的 mesh,则跳转至全景相册链接
15.      else if(hitName == "zhiyin"){
16.       window.location.href = "https://www.jt720.cn/pano/4nqjbsv84tjrqcpm";
17.      } else{
18.       gui.hideIntro();
19.      }
20.
21.
22.     }
23.    };
24.
25.    return scene;
26.   }
```

onPointerDown 函数会回传给程序 3 个参数,下面来阅读其 API 文档,如图 4.44 所示。

这 3 个参数的类型分别为 IPointerEvent、PickingInfo、PointerEventTypes。

onPointerDown

Search playground for onPointerDown

● onPointerDown: (evt: *IPointerEvent*, pickInfo: *PickingInfo*, type: *PointerEventTypes*) => *void*

Callback called when a pointer down is detected

Type declaration

```
(evt: IPointerEvent, pickInfo: PickingInfo, type: PointerEventTypes): void
```

Parameters

- evt: *IPointerEvent*
- pickInfo: *PickingInfo*
- type: *PointerEventTypes*

Returns *void*

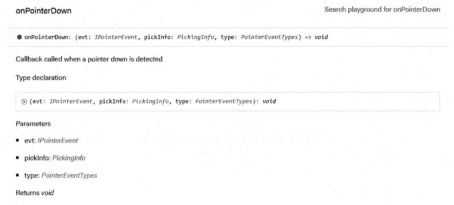

图 4.44 查看 API 文档

## 1. IPointerEvent

IPointerEvent 包含了鼠标事件的一些属性，例如，当前的 x/y 坐标、偏移量等。当然对于单击事件来说，有些属性对于该事件并没有意义，所有的属性如图 4.45 所示。

Properties

| | | |
|---|---|---|
| altKey | movementY | preventDefault |
| button | mozMovementX | shiftKey |
| buttons | mozMovementY | srcElement |
| clientX | msMovementX | target |
| clientY | msMovementY | type |
| ctrlKey | offsetX | webkitMovementX |
| currentTarget | offsetY | webkitMovementY |
| detail | pageX | x |
| inputIndex | pageY | y |
| metaKey | pointerId | |
| movementX | pointerType | |

图 4.45 IPointerEvent 的属性

## 2. PickingInfo

PickingInfo 包含了当前鼠标拾取到的数据信息，例如，拾取的 Mesh、射线、距离等信息，详细的数据结构如图 4.46 所示。在本案例中，通过判断 pickedMesh 的名称来完成交互事件的判断。

Properties

| | | |
|---|---|---|
| aimTransform | gripTransform | pickedSprite |
| bu | hit | ray |
| bv | originMesh | subMeshFaceId |
| distance | pickedMesh | subMeshId |
| faceId | pickedPoint | thinInstanceIndex |

Methods

| | |
|---|---|
| getNormal | getTextureCoordinates |

图 4.46 PickingInfo 的属性

### 3. PointerEventTypes

PointerEventTypes 表示鼠标事件的类型,包括按下、抬起、移动等,所有属性如图 4.47 所示。

图 4.47　PointerEventTypes 的属性

# 第5章

# WebAR 解决方案介绍

## 5.1 基于 Kivicube 的 WebAR 应用开发

Kivicube 是成都弥知科技有限公司推出的国内首款免费的 WebXR 在线制作平台,于 2018 年 10 月上线,帮助用户零门槛制作 AR 场景,支持如图像跟踪与实物跟踪、空间 SLAM 等场景使用,持续为品牌提供 AR 制作能力支持。Kivicube 可以在线制作 AR、VR 与 3D 场景,制作的 3D 场景可运行在通用的 Web 平台上。用户可以在其官网(网址请参考本书配套资源)注册账号并进行项目的制作,在大部分情况下用户无须编写代码。由于使用 Kivicube 开发 WebXR 项目无须用户在本地搭建复杂的开发环境,只需要在有网络的情况下就可以进行访问和制作,因此可以认为 Kivicube 是一种 SaaS(软件即服务)平台。

### 5.1.1 项目创建

#### 1. 注册并登录 Kivicube 平台

在浏览器(推荐使用 Windows Edge、火狐或者 Google 浏览器)中访问 Kivicube 官方网站,默认弹出注册和登录界面,如图 5.1 所示。可以选择使用手机号、邮箱或者用户名的方式来注册登录 Kivicube,在后续的使用过程中,每次访问 Kivicube 都需要使用已经注册好的账户进行登录。

注册登录成功之后,即可进入 Kivicube 的后台主页面,如图 5.2 所示。在该页面的上方,可以选择为创建好的项目添加 AR 场景、3D 场景,或者进行 AR 场景定制;在下方,可以单击 ALL 按钮来显示当前用户所拥有的所有项目。单击"＋"按钮可以进行项目的新建。在左下角可以通过切换标签选项卡,来显示当前用户的项目、素材或者用户中心。

在用户中心可以看到当前用户的权限信息,可以看出当前用户为免费账号,可以创建的场景数最大为 2 个,如图 5.3 所示。

#### 2. 场景创建

单击后台主页下方的"＋"按钮新建项目,如图 5.4 所示。

在弹出的"新建项目"界面中,需要填写项目信息,如图 5.5 所示,包括项目名称、项目描

图 5.1 Kivicube 注册和登录界面

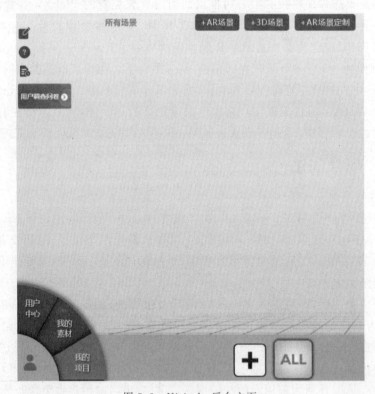

图 5.2 Kivicube 后台主页

述、项目 Logo 和项目类型。其中,项目名称和项目 Logo 为必选项,上传一个封面图片作为
项目 Logo,默认的项目类型为 Web3D,然后单击"保存"按钮,这样一个 WebXR 项目就创建
成功了。

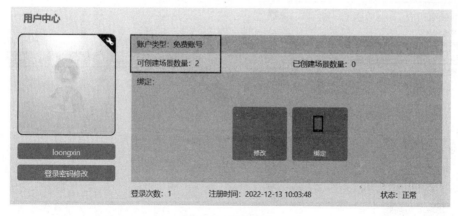

图 5.3　用户中心

图 5.4　新建项目

### 3. 项目设置

默认情况下,新建的项目为 Web3D 项目,即在 Web 浏览器中展示三维模型。应用此默认选项后,项目入口没有任何效果,用户无法通过扫描打开项目下的场景。如果设置项目为"云识别",则项目下所有的云识别场景都可以通过项目入口扫描识别图进入。如果设置项目为"图像检测与跟踪",则场景也可以通过项目入口扫描识别图进入。

这里需要特别说明的是,如果项目同时含有 Web3D、云识别、图像检测与跟踪 3 类场景,此时当项目被设置为云识别,那么项目入口就只能扫描到云识别场景,图像检测与跟踪场景同理。

## 5.1.2　场景创建

### 1. 选择需要创建的场景类型

可以为当前已经创建好的项目添加 AR 场景、3D 场景以及定制化的 AR 场景,如图 5.6 所示。

(1) AR 场景:AR 场景是指在实时摄像头画面上呈现 AR 内容的场景。

(2) 3D 场景:指普通的 3D 场景,并且体验时不会呈现摄像头的画面。

(3) AR 场景定制:指创建适用于各个流量平台的场景,包括支付宝、淘宝、天猫、京东等购物类网站、Facebook、Snapchat 等。该案例中选择场景的类型为 3D 场景。

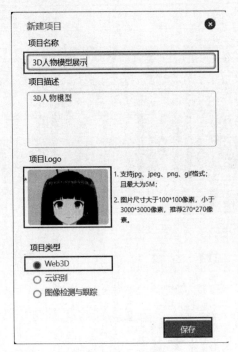

图 5.5　项目信息填写

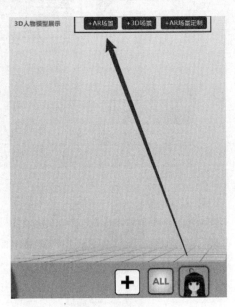

图 5.6　新建场景

### 2. 创建 3D 场景

　　基于 3D 内容的 3D 互动体验,广泛地运用于智慧电商、3D 广告、3D 传媒等,能够广泛支持所有安卓版浏览器与带浏览器功能的 App、安卓微信、安卓微信小程序、所有 iOS 浏览器与带浏览器功能的 App,以及 iOS 微信小程序。创建此类场景时首先要填写 3D 互动场景信息,如图 5.7 所示;选择当前场景所属的项目名称,并且填写场景名称与场景描述,单击"立即制作"按钮,即可完成 3D 场景的创建。

　　在这里输入的场景名称会显示在展示端的主页,如图 5.8 所示。

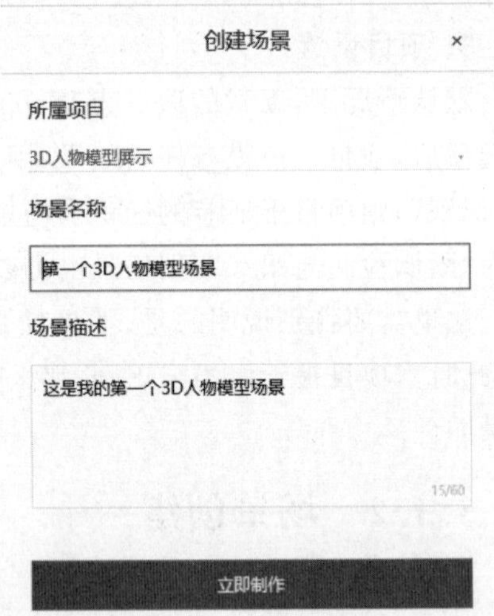

### 3. 创建 AR 场景

　　创建 AR 场景,用户可以通过扫描现实世界中的平面图像(如杂志封面、照片与名片等),然后呈现出与之对应的场景内容与交互,并实现实时位置匹配与跟踪。

图 5.7　创建 3D 场景

　　选择场景类型为 AR 场景后,需要填写图像检测与跟踪场景信息,如图 5.9 所示。同样包括所属项目的名称和场景名称,同时需要上传待识别的图片,然后单击"立即制作"按钮完成创建。

图 5.8　3D 场景的预览效果

图 5.9　创建 AR 场景

　　例如,创建一个 AR 场景,添加 Babylon.js 的 Logo 作为识别图,单击"立即制作"按钮,如图 5.10 所示。

(a)创建场景并上传识别图　　　　　　　(b)场景中显示识别图

图 5.10　添加识别图

可以为一个场景添加多张识别图,一方面用户通过扫描不同的识别图进入同一个场景体验,另一方面也可以完成对实物的识别。AR体验场景还支持空间位置定位与跟踪,用户通过扫描现实环境中的平面,然后在平面上呈现与之对应的场景内容与交互,并实现实时位置匹配与跟踪。

同样,系统支持陀螺仪。陀螺仪是基于移动设备的陀螺仪传感器,用户可以转动设备查看四周的场景内容,并与之交互。云识别基于云端图像识别与匹配,能够支持10万张图片的识别。

**4. 创建流量平台AR场景**

平台支持支付宝、淘宝/天猫、Facebook、Snapchat、京东等平台,可以轻松地在上述平台中进行数字化建模,并将虚拟的商品放置在地板、桌面等现实世界中。其中支付宝能够支持图像检测与跟踪、平面检测与跟踪、人脸检测与跟踪、微笑检测、人体姿态检测、手势检测等功能。

## 5.1.3 创建场景内容

### 1. 打开场景

单击打开在上述的操作中已经创建好的 AR 场景,如图 5.11 所示。

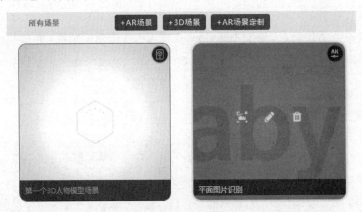

图 5.11 打开 AR 场景

### 2. 上传素材

Kivicube 目前支持图片、模型、AR 视频、音频、透明视频、全景图 6 种类型的素材,其中"AR 场景"→"图像检测与跟踪"不支持全景图。如图 5.12 所示,这里选择上传的素材类型为 3D 模型,然后单击"上传素材"按钮。

这里要求上传的模型文件类型为 zip 格式,建议将模型从 3ds Max/Maya/Blender 等三维建模软件中导出,然后将其压缩为 zip 格式压缩包并拖入指定的区域后,模型开始上传,当上传进度为 100% 或者上传进度提示信息消失时,单击"完成"按钮,如图 5.13 所示。

(a) 选择素材类型为3D模型　　　　　(b) 单击"上传素材"按钮

图 5.12　选择素材的类型并上传

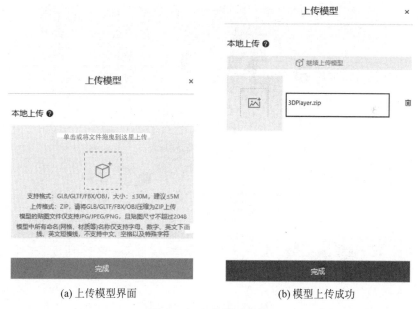

(a) 上传模型界面　　　　　　　(b) 模型上传成功

图 5.13　上传模型素材

### 3. 将素材添加至场景

上传后的模型素材会显示在左侧的素材列表中,直接将需要的模型拖入场景,如图 5.14 所示。

素材添加完成后,就能从编辑器右边的"场景结构"选项卡中查看已添加的素材内容了。

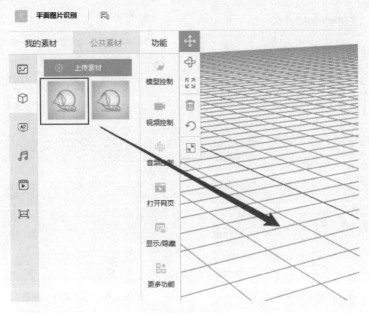

(a) 将模型拖入场景

(b) 调整模型的位置以及坐标

图 5.14    将模型素材添加至场景

## 5.1.4　创建场景交互

### 1. 添加自动循环播放的音频

按照上述方法,还可添加音频类素材,如图 5.15 所示。添加完成后,将音频素材同样拖入场景中,然后在素材列表中选择该音频素材,单击"音频控制"按钮,在音频控制界面可以设置该音频文件的播放模式为"循环播放"(Loop),并且设置音频播放的触发条件为"扫描识别到"。

(a) 上传音频素材　　　　　　　　　(b) 添加音频控制

图 5.15　音频控制

### 2. 添加单击图片打开网页的交互(可选)

如果要为图片添加网页交互,那么可以选择图片素材,然后单击"打开网页"按钮。在弹出的打开网页设置界面中,设置功能的名称,添加将要打开的网址,并且设置触发条件为"扫描识别到",如图 5.16 所示。

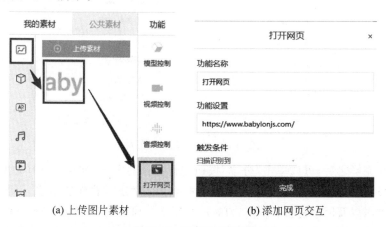

(a) 上传图片素材　　　　　　　　　(b) 添加网页交互

图 5.16　添加网页设置

**3. 添加模型素材显示或隐藏的交互**

选择模型素材,单击"显示/隐藏"按钮,在弹出的"显示/隐藏"设置界面选择具体的功能设置,这里选中当前的 3D 模型名称(3DPlayer)。然后选择要执行的操作为"显示"或者"隐藏",并且选择具体的触发条件,例如"扫描识别到",如图 5.17 所示。

### 5.1.5 场景保存与分享

上述步骤完成后,就可以保存场景并分享体验了。首先选择右上角的"场景结构"选项卡,确认场景中添加的素材节点(包括模型、音频、图片

图 5.17 显示/隐藏设置

等)以及相关的控制设置(例如,音频控制、模型控制等)符合要求,如图 5.18(a)所示。然后选择 "场景设置"选项卡,确认当前场景的设置信息,或者对已经存在的设置信息进行重新修改,如图 5.18(b)所示。最后单击"保存"按钮保存场景。

(a) 确认场景结构    (b) 确认场景设置

图 5.18 项目设置与保存

项目保存完毕之后,可以单击"分享"按钮进行项目的发布,如图 5.19(a)所示。在场景发布界面,可以设置分享的 Logo 图片、分享的名称以及分享的描述信息。同时,还会自动生成分享二维码以及网址链接,如图 5.19(b)所示。二维码可以直接扫描并进行体验,而网址链接可以在移动端或者固定端的浏览器中进行访问。就便捷性而言,二维码方式的分享

体验更好一些。

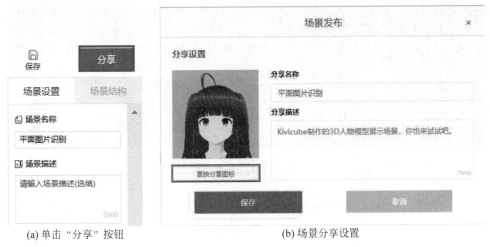

(a) 单击"分享"按钮　　　　　　(b) 场景分享设置

图 5.19　场景分享

最终的场景效果请读者结合本书配套资源中的素材资源,亲自动手实践进行体验。

## 5.2　基于 EasyAR 的 WebAR 应用开发

### 5.2.1　EasyAR WebAR 简介

EasyAR WebAR 是以 Web 平台来集成 AR 技术,区别于原生 AR 应用,具有模式轻、部署快、传播能力强等特点,可以轻松地运行在 Android、iOS、Windows、macOS 等系统的 Web 浏览器上,无需 App,真正实现跨平台。EasyAR WebAR 提供在 Web 端嵌入 AR 技术的整套服务和解决方案,后续也会向开发者发布 WebAR SDK。

EasyAR WebAR 由 Web 前端和 EasyAR 云服务两部分组成,支持平面图片识别、云识别、3D 渲染、复杂互动等功能,主要以 URL 的格式来传播,符合微信等社交媒体信息流动的基本技术要求,配合创意策划方案,可以形成爆炸式的营销效果。

### 5.2.2　EasyAR WebAR 快速入门

使用 EasyAR 开发 WebAR 应用之前,需要做好如下准备工作。

#### 1. EasyAR WebAR 授权

访问 EasyAR 官方网站(网址请参考本书配套资源),在图 5.20 右侧进行 EasyAR 账户的注册和登录,详细的操作步骤与 Kivicube 相同,此处不再赘述。

通过邮箱注册之后,可以在邮件中通过链接激活 EasyAR 账户,然后使用新账户登录就能够访问图 5.20 中的开发中心了。初次进入开发中心时,系统会要求补全用户信息,如图 5.21 所示,可以选择下次再填写,将当前窗口关闭。

图 5.20　EasyAR 官网首页

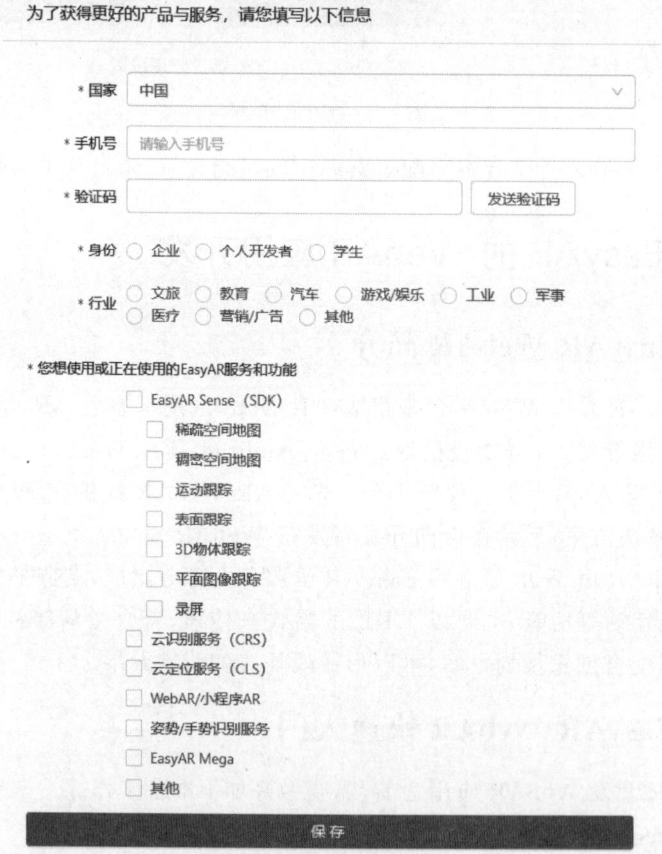

为了获得更好的产品与服务，请您填写以下信息

＊国家　中国

＊手机号　请输入手机号

＊验证码　［　　　　　　　　　　］　发送验证码

＊身份　○ 企业　○ 个人开发者　○ 学生

＊行业　○ 文旅　○ 教育　○ 汽车　○ 游戏/娱乐　○ 工业　○ 军事
　　　　○ 医疗　○ 营销/广告　○ 其他

＊您想使用或正在使用的EasyAR服务和功能

　□ EasyAR Sense（SDK）

　　□ 稀疏空间地图

　　□ 稠密空间地图

　　□ 运动跟踪

　　□ 表面跟踪

　　□ 3D物体跟踪

　　□ 平面图像跟踪

　　□ 录屏

　□ 云识别服务（CRS）

　□ 云定位服务（CLS）

　□ WebAR/小程序AR

　□ 姿势/手势识别服务

　□ EasyAR Mega

　□ 其他

［　　　　　　　　　　保存　　　　　　　　　　］

图 5.21　EasyAR 官网服务使用情况调查

　　EasyAR 开发之前首先需要为项目申请 Sense 授权。EasyAR Sense 能够实现 Mega 云定位服务、AR 图像识别、稠密空间地图、稀疏空间地图、3D 物体跟踪、运动跟踪、平面图像跟踪、表面跟踪、录屏等多种功能。默认情况下，开发中心是没有 Sense 授权的，此时可以单

击“Sense 授权管理”下的“我需要一个新的 Sense 许可证密钥”按钮来申请新的授权，如图 5.22 所示。

EasyAR
开发中心
文档
Sense授权管理
授权
我需要一个新的Sense许可证密钥
Sense授权管理

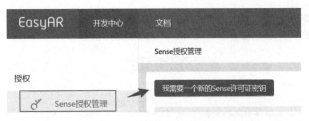

图 5.22 Sense 授权申请

在展开的 Sense 订阅界面可以看出，支持的授权类型有 3 种，分别是个人版、专业版和经典版，如图 5.23 所示。其中专业版和经典版都是需要付费进行使用的，不同的是专业版是按月付费订阅，而经典版是一次性付费永久使用。这里的案例仅用于学习和研究，开发的应用并不用于商业目的，因此申请个人版免费授权即可。

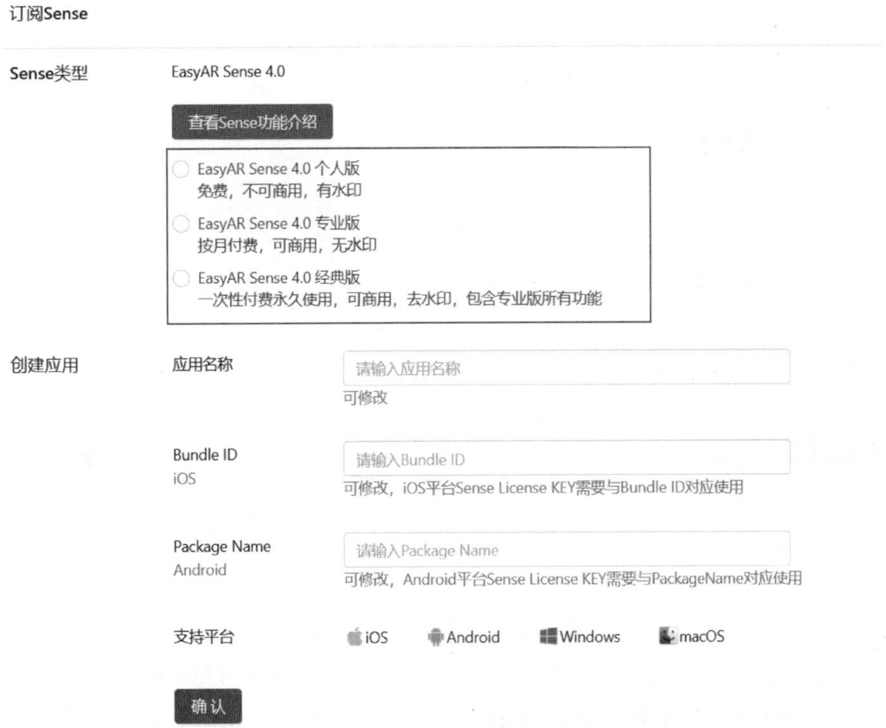

订阅Sense
Sense类型
EasyAR Sense 4.0
查看Sense功能介绍
EasyAR Sense 4.0 个人版
免费，不可商用，有水印
EasyAR Sense 4.0 专业版
按月付费，可商用，无水印
EasyAR Sense 4.0 经典版
一次性付费永久使用，可商用，去水印，包含专业版所有功能
创建应用
应用名称
请输入应用名称
可修改
Bundle ID
iOS
请输入Bundle ID
可修改，iOS平台Sense License KEY需要与Bundle ID对应使用
Package Name
Android
请输入Package Name
可修改，Android平台Sense License KEY需要与PackageName对应使用
支持平台
iOS
Android
Windows
macOS
确认

图 5.23 Sense 授权类型

选择授权类型为个人版之后，选择所需要的授权功能。如果需要使用稀疏空间地图，则可以选择“是”，否则选择“否”即可。在“创建应用”中分别设置 AR 应用的名称以及在不同的移动端系统中的参数。这里如果是 iOS 系统，那么需要绑定 Bundle ID；如果是 Android 系统，那么需要填写打包时的 Package Name，这里将二者设置为一致即可。AR 应用的有

效期可以视情况而定,这里设置为无限期,即永久生效,然后单击"确认"按钮,就将应用的名称与 Sense 授权进行绑定了,如图 5.24 所示。

图 5.24　申请个人版 Sense 授权

申请后的授权列表如图 5.25 所示。

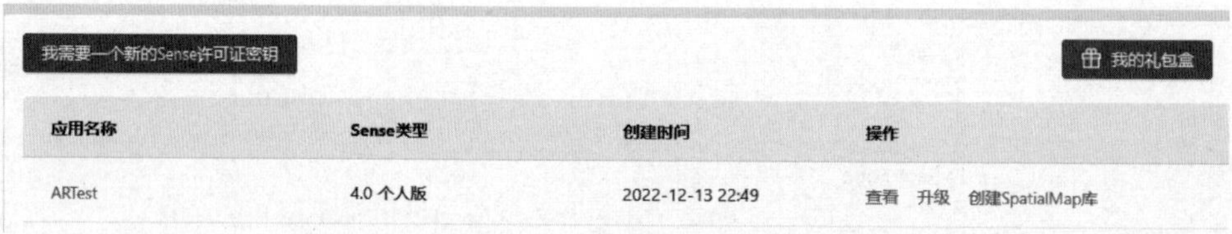

图 5.25　申请后的授权列表

如果开发的 EasyAR 应用是微信小程序,那么接下来在授权管理中,可以创建 Mega 微信小程序许可证密钥。这里选择授权类型为测试版,在"创建应用"中需要填写小程序的名称以及小程序的 APP ID,然后单击"确认"按钮,如图 5.26 所示。

如果要使用 EasyAR 云服务,那么首先需要创建一个云服务,这里选择"云识别管理",然后创建一个图库,名为 ARImages,如图 5.27 所示。图库分为按调用次数计费和按日活计费两种方式,这里选择默认的"按调用次数"进行计费,并且可以默认拥有 500 次/日的试用次数。

订阅小程序授权管理

Licence类型　　　EasyAR Mega 微信小程序1.0

查看小程序功能介绍

◉ EasyAR Mega微信小程序测试版
开发测试专用，不可商用，有水印，仅能创建一个

○ EasyAR Mega微信小程序专业版
按年付费，可商用，无水印

○ EasyAR Mega微信小程序经典版
一次性付费永久使用，可商用，去水印，包含专业版所有功能

授权功能　　　☑ Mega云定位服务

创建应用　　　小程序名称　　　请输入小程序名称

可修改

APP ID　　　请输入小程序APP ID

可修改，小程序License KEY需要与APP ID对应使用

支持平台　　　🎵 微信小程序

期限（年）：　　不限

费用：　　　　¥0元

确认

图 5.26　申请 Mega 微信小程序授权

接下来需要申请云服务 API Key，如图 5.28 所示，将应用名称与云服务的类型进行绑定。这里创建名为 ARTest 的应用，并且选择云服务类型为"云识别"。

### 2．Web 服务器

用于存储 HTML 等静态网页内容。可以通过部署 Windows 下的 IIS 服务器或者是在 Linux 中安装 Web 服务器来提供静态网页内容的访问。

### 3．支持 HTTPS 的域名

在浏览器上使用摄像头，需要 HTTPS 协议支持。

具体的开发步骤可以通过如下代码实现，基本的代码还是遵循了 HTML＋CSS＋JavaScript 的编程风格。

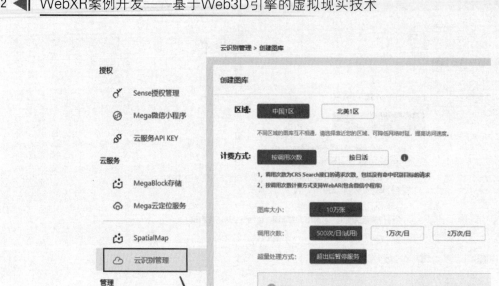

图 5.27　创建云识别图库

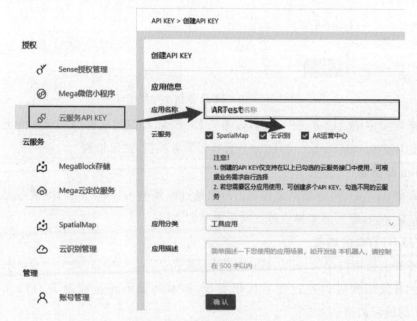

图 5.28　申请云识别 API Key

1）打开摄像头

```
1.    // 更多参数请查看
2.    //https://developer.mozilla.org/en-US/docs/Web/API/MediaStreamConstraints
3.    const constraints = {
4.        audio: false,
5.        video: {facingMode: {exact: 'environment'}}
6.        //video: {facingMode: {exact: 'user'}}
7.        //video: true
8.    };
9.
10.   navigator.mediaDevices.getUserMedia(constraints)
11.       .then((stream) => {
12.           // videoElement 为 video 元素,将摄像头视频流绑定到 video 上实时预览
13.           videoElement.srcObject = stream;
14.           videoElement.style.display = 'block';
15.           videoElement.play();
16.           resolve(true);
17.       })
18.       .catch((err) => {
19.           reject(err);
20.       });
```

2）截取摄像头图像

```
1.    // canvasElement 为 canvas 元素
2.    // canvasContext 为 canvas 的 context 2D 对象
3.    // videoSetting 为 video 元素的宽、高
4.    canvasContext.drawImage(videoElement, 0, 0, videoSetting.width, videoSetting.height);
5.    const image = canvasElement.toDataURL('image/jpeg', 0.5).split('base64,')[1];
```

3）将图像发送到服务器识别

在 EasyAR 开发中心中选择"授权"→"云服务 API Key",查看云服务 API Key,如图 5.29 所示。通过上述操作已经为 ARTest 应用申请了 API Key,此时单击后面的"管理"按钮。

图 5.29  API Key 列表

选择 Token 有效期的天数后,单击"生成 Token"按钮,如图 5.30 所示。可以看出,生成的 Token 能够支持为期 5 天的云识别服务,并且将新建的图库名称进行了绑定。

图 5.30　生成 Token

Token 会过期，支持动态刷新。Token 是写在 JavaScript 文件中的，适合在安全要求较低的环境中使用，建议调用接口动态获取 Token。

在"云服务"的"云识别管理"中，可以看到之前申请的云识别图库，如图 5.31 所示。

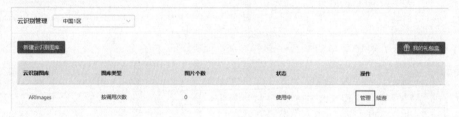

图 5.31　云识别图库列表

单击该图库后面的"管理"按钮，可以查看云识别库的相关信息，如图 5.32 所示。其中，在"识别图"标签中，可以看到当前没有识别图，可根据具体的应用开发，单击"上传识别图"按钮，将需要识别的图片进行上传。

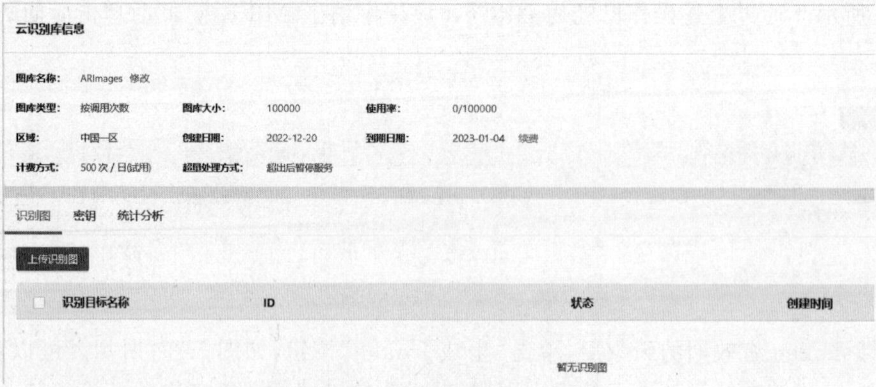

图 5.32　云识别库详细信息

然后在"密钥"标签中可以看到实现识别所需要的相关密钥信息,如图 5.33 所示,包括 CRS AppId、API KEY 以及 Cloud URLs 三项内容。

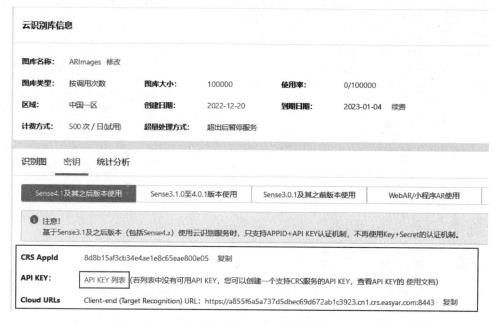

图 5.33　云识别库密钥

单击图 5.33 中的"API KEY 列表"按钮,弹出如图 5.34 所示的基于应用名称的 API Key 列表,然后根据实际情况进行选择。

图 5.34　API Key 列表

接下来,将获取的上述 3 项内容,补充到如下代码中,就能够完成识别代码的编写。

```
1.  // 云图库的 Client - end URL
2.  const clientendUrl = '您云图库的 Client - end URL/search';
3.  // 云图库的 Cloud Token
4.  const token = '这里是云图库的 Cloud Token';
5.  // 云图库的 CRS AppId
6.  const appId = '这里是云图库的 CRS AppId';
7.
8.  // 可以使用 jQuery 或 axios 等发送网络请求
9.  const http = new XMLHttpRequest();
10. http.onload = () => {
11.     try {
```

```
12.        const msg = JSON.parse(http.responseText);
13.        if (http.status === 200) {
14.            if (msg.statusCode === 0) {
15.                resolve(msg.result);
16.            } else {
17.                reject(msg);
18.            }
19.        } else {
20.            reject(msg);
21.        }
22.    } catch (err) {
23.        reject(err);
24.    }
25. };
26. http.onerror = (err) => {
27.    reject(err);
28. };
29.
30. // 发送到云图库服务器
31. http.open('POST', clientendUrl);
32. http.setRequestHeader('Content - Type', 'application/json;Charset = UTF - 8');
33.
34. // 将 Cloud Token 写在请求头中
35. http.setRequestHeader('Authorization', token);
36.
37. // image 为截取的摄像头图片数据,如:{image: '/9j/4AAQSkZJRgA...', appId: appId}
38. http.send(JSON.stringify(image));
```

**4. 检测识别结果**

如果未识别到内容,则继续识别,否则停止识别,将识别的结果(如 targetId、meta 等)信息取出处理。通过 URL"https://云图库的客户端 URL/search"进行目标识别时,若未识别到目标,则 HTTP 状态码会变为 404。

## 5.2.3　EasyAR Web3D 模型动画要求

EasyAR 能够提供优秀的 3D 模型展示,通过 Web 方式展示 3D 模型动画,比平面 HTML5 页面具有更强的感染力。例如,在电商活动中,通过 Web 3D 方式展示产品模型,为用户提供直观感受产品的视觉入口,增强活动传播效果。EasyAR 对于 3D 模型的展示具有如下要求。

(1)动画模型需要单个 mesh(可编辑网格),当模型没有动画时无此要求。

(2)动画模型骨骼只可以有一套,骨骼权重要和骨骼保持一致,蒙皮权重必须要完整,可以限制网格顶点,受控制骨骼数目最好不超过 4 个。

(3)骨骼层级要遵循命名规范,目的在于当动画出现问题时可以追溯。

(4)避免使用曲线网格。

（5）动画模型纹理需要使用 JPG/PNG 格式,不能使用 psd 作为纹理源文件,材质最好不使用透明通道,若使用透明通道则需要进行代码调试。

（6）Three.js 支持的动画文件格式只有 FBX、DAE 和 JSON 三种,FBX 格式包括 ASCII 和二进制两种文件类型,最好可以获得源工程文件,在使用 3dsMax/Maya/Blender 导入导出时有不兼容的地方需要手动调整。

（7）模型面数限制在 10000 以下。

（8）在动画模型中为了方便绘制角色的运动轨迹,通常会为角色添加一个根节点,这个节点没有对应信息的绑定,会导致导出模型的初始位置出错。这里需要找到根节点并选择根节点的下级节点,再断开其与根节点的链接。

（9）不支持动画中存在虚拟节点和控制器。

（10）所有节点不能有负数。

（11）模型缩放为1,模型只能是一个 mesh,单个模型独立对应一种纹理并独立对应一套骨骼。对于绑定过的模型,不要二次返修。

（12）模型制作使用 polygon 多边形建模,避免使用 NURBS 等其他类型建模。制作完成的模型统一导出格式为 FBX,导出之前需要将模型历史记录及无关节点清空,模型坐标位于坐标点中心,并将坐标数据清零,冻结变换。

## 5.3　基于开源的 AR.js 应用开发

AR.js 是一个用于网络增强现实（WebAR）的轻量级库,具有图像跟踪、基于位置的 AR 和基于标记的 AR 等功能,它是完全开源的,非常适合平时做科研使用。图 5.35 展示了 AR.js 的一些使用案例。

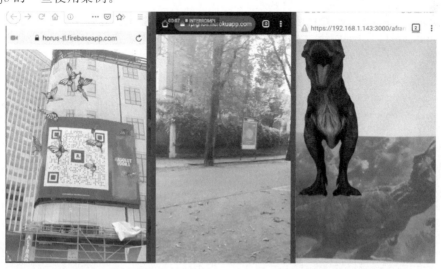

图 5.35　AR.js 使用案例

该项目现在属于 Github 组织,可以在 AR.js 官网(网址请参考本书配套资源)找到并免费申请加入。下面介绍 AR.js 的三大功能。

**1. 图像跟踪**

当相机发现 2D 图像时,可以在其顶部或附近显示某种内容。其内容可以是 2D 图像、GIF、3D 模型(也是动画)和 2D 视频,应用范围包括增强艺术、学习(增强型书籍)、增强型传单或广告等。

**2. 基于位置的 AR**

这种 AR 使用真实世界的地理位置,以便在用户设备上显示增强现实内容。用户可以移动(最好是户外),并且可以通过智能手机看到现实世界中的 AR 内容。四处移动和旋转手机将使 AR 内容根据用户的位置和旋转而变化(因此地点被"锚定"在其真实位置,并根据它们与用户距离的远近而变小或变大)。借助此解决方案,可以构建诸如导游的交互式支持、探索新城市时的帮助、查找建筑物/博物馆/餐馆/酒店等体验;还可以构建诸如寻宝、生物学或历史学习游戏等体验,或者将这种技术用于情境艺术(与特定现实世界坐标绑定的视觉艺术体验)。

**3. 基于标记的 AR**

当相机找到标记时,可以显示一些内容(与图像跟踪相同)。标记非常稳定,但形状、颜色和大小有限,使用示例包括增强型书籍、增强型传单或广告等。

## 5.3.1　图像跟踪案例

创建新的项目并添加如下代码:

```
1.  <script src = "https://cdn.jsdelivr.net/gh/aframevr/aframe@1c2407b26c61958baa93967b54124
87cd94b290b/dist/aframe - master.min.js">
2.  </script>
3.  <script src = "https://raw.githack.com/AR - js - org/AR.js/master/aframe/build/aframe -
ar - nft.js">
4.  </script>
5.  <style>
6.    .arjs - loader {
7.      height: 100 % ;
8.      width: 100 % ;
9.      position: absolute;
10.     top: 0;
11.     left: 0;
12.     background - color: rgba(0, 0, 0, 0.8);
13.     z - index: 9999;
14.     display: flex;
15.     justify - content: center;
16.     align - items: center;
17.   }
18.
19.   .arjs - loader div {
```

```
20.        text - align: center;
21.        font - size: 1.25em;
22.        color: white;
23.      }
24.  </style>
25.
26.  < body style = "margin : 0px; overflow: hidden;">
27.    <! -- 在加载图像描述符之前显示的最小加载程序  -->
28.    < div class = "arjs - loader">
29.      < div > Loading, please wait...</div >
30.    </div >
31.    < a - scene
32.      vr - mode - ui = "enabled: false;"
33.      renderer = "logarithmicDepthBuffer: true;"
34.      embedded
35.      arjs = "trackingMethod: best; sourceType: webcam;debugUIEnabled: false;"
36.    >
37.      <! -- 使用 cors 代理来避免跨源问题  -->
38.      < a - nft
39.        type = "nft"
40.        url = "https://arjs - cors - proxy. herokuapp. com/https://raw. githack. com/AR - js -
org/AR. js/master/aframe/examples/image - tracking/nft/trex/trex - image/trex"
41.        smooth = "true"
42.        smoothCount = "10"
43.        smoothTolerance = ".01"
44.        smoothThreshold = "5"
45.      >
46.        < a - entity
47.          gltf - model = "https://arjs - cors - proxy. herokuapp. com/https://raw. githack.
com/AR - js - org/AR. js/master/aframe/examples/image - tracking/nft/trex/scene. gltf"
48.          scale = "5 5 5"
49.          position = "50 150 0"
50.        >
51.        </a - entity >
52.      </a - nft >
53.      < a - entity camera ></a - entity >
54.    </a - scene >
55.  </body >
```

　　将上述代码部署至已经搭建好的 Web 服务器
中,可以使用基于 Windows 的 IIS 服务器或者是
基于 Linux 的 Apache/Nginx 服务器。

　　在手机浏览器中访问 Web 服务器提供的
URL,对上述配置的站点进行访问。

　　扫描如图 5.36 所示的图像,就能够在手机中
体验 AR 应用了。

图 5.36　AR 效果实验图(一)

## 5.3.2　基于位置的 AR 案例

使用以下代码创建一个项目,将第 22 行代码中的 add-your-latitude 和 add-your-longitude 属性更改为实际的纬度和经度,注意不带"<>"。

```
1.  <!DOCTYPE html>
2.  <html>
3.    <head>
4.      <meta charset = "utf - 8" />
5.      <meta http - equiv = "X - UA - Compatible" content = "IE = edge" />
6.      <title> GeoAR. js demo </title>
7.      <script src = "https://aframe.io/releases/1.0.4/aframe.min.js"></script>
8.      <script src = "https://unpkg.com/aframe - look - at - component@0.8.0/dist/aframe -
look - at - component.min.js"></script>
9.       <script src = "https://raw. githack. com/AR - js - org/AR. js/master/aframe/build/
aframe - ar - nft. js"></script>
10.   </head>
11.
12.  <body style = "margin: 0; overflow: hidden;">
13.    <a - scene
14.      vr - mode - ui = "enabled: false"
15.      embedded
16.      arjs = "sourceType: webcam; debugUIEnabled: false;"
17.    >
18.      <a - text
19.        value = "This content will always face you."
20.        look - at = "[gps - camera]"
21.        scale = "120 120 120"
22.        gps - entity - place = "latitude: < add - your - latitude >; longitude: < add - your -
longitude >;"
23.      ></a - text>
24.      <a - camera gps - camera rotation - reader></a - camera>
25.    </a - scene>
26.  </body>
27. </html>
```

将上述代码部署至已经搭建好的 Web 服务器中,可以使用基于 Windows 的 IIS 服务器或者是基于 Linux 的 Apache/Nginx 服务器。

在手机上激活 GPS 并导航到示例 URL。即使环顾四周并移动手机,也应该看到文本正对着用户,出现在请求的位置。

## 5.3.3　基于标记的 AR 案例

使用下列代码创建项目:

```
1.  <!DOCTYPE html>
2.  <html>
```

```
3.      < script src = "https://aframe.io/releases/1.0.4/aframe.min.js"></script>
4.      <! -- 导入 ARjs 版本,不带 NFT,但支持标记 + 位置 -->
5.      < script src = "https://raw.githack.com/AR - js - org/AR.js/master/aframe/build/aframe - ar.
js"></script>
6.      < body style = "margin : 0px; overflow: hidden;">
7.        < a - scene embedded arjs >
8.          < a - marker preset = "hiro">
9.            < a - entity
10.               position = "0 0 0"
11.               scale = "0.05 0.05 0.05"
12.               gltf - model = "https://arjs - cors - proxy.herokuapp.com/https://raw.githack.
com/AR - js - org/AR.js/master/aframe/examples/image - tracking/nft/trex/scene.gltf"
13.            ></a - entity>
14.          </a - marker >
15.          < a - entity camera ></a - entity>
16.        </a - scene >
17.      </body>
18. </html>
```

将上述代码部署至已经搭建好的 Web 服务器中,可以使用基于 Windows 的 IIS 服务器或者是基于 Linux 的 Apache/Nginx 服务器。

在手机浏览器中访问 Web 服务器提供的 URL 网址,对上述配置的站点进行访问。

扫描如图 5.37 所示的图像,就能够在手机中体验 AR 应用了。

图 5.37　AR 效果实验图(二)

# 第6章

# Web 游戏非遗庆全运
# 开发案例

## 6.1 案例介绍

本章将讲解一款基于 Web 的移动游戏开发案例。该案例的游戏情节取材于中国古代的运动项目,共包含马术、击鞠、击剑 3 种运动,并结合中国非物质文化遗产皮影戏的艺术特点进行游戏画面设计和角色动画的制作。游戏名称为"非遗庆全运 闯关一起来",主要用于第十四届全运会宣传活动。下面介绍游戏的玩法。

本游戏通过微信朋友圈和微信好友分享的方式进行线上传播,是一款基于 H5 的 2D 游戏,接入了微信开放接口,当用户在微信中分享了此游戏后,将会在微信好友的消息界面出现如图 6.1 所示的界面。

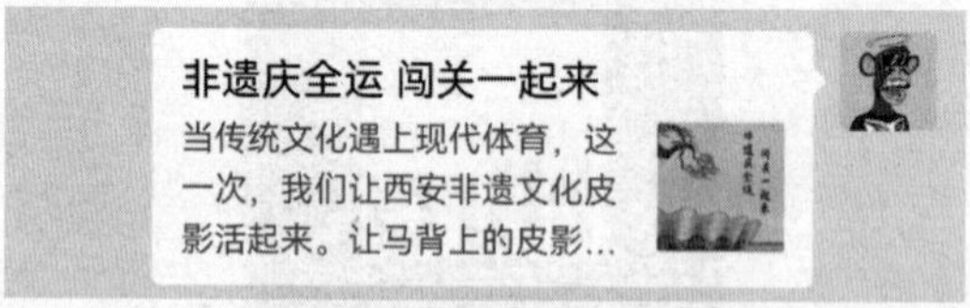

**非遗庆全运 闯关一起来**
当传统文化遇上现代体育, 这一次, 我们让西安非遗文化皮影活起来。让马背上的皮影...

图 6.1 微信中的项目图文界面

用户单击上述链接将进入游戏,首先看到的是游戏主界面,如图 6.2 所示。

游戏采用横屏的方式进行体验,主界面的画面元素中包含的主要元素有以下几种。

- 第十四届全运会主办城市西安的标志性建筑——大雁塔。
- 西安奥体中心体育馆。
- 击鞠运动。
- "非遗庆全运 闯关一起来"游戏标题。
- 游戏规则介绍。

用户单击图 6.2 中的"游戏规则"按钮,将弹出游戏规则介绍的界面,如图 6.3 所示。

用户对游戏规则熟悉后,单击"我知道了"按钮返回游戏开始界面,并单击图 6.2 中的"开始游戏"按钮正式开始游戏,接下来画面进行切换,并播放一段骑马的游戏过场动画,如图 6.4 所示。

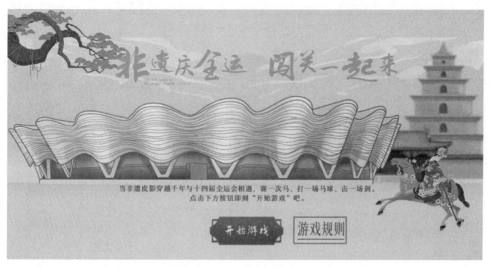

图 6.2　游戏主界面

图 6.3　游戏规则介绍界面

图 6.4　游戏过场动画

在过场动画中,表现了古代击鞠运动项目的运动员,手持"欢迎来到第十四届全运会"的旗子,从屏幕右侧奔跑至最左侧,过场动画播放完毕后,进入第一个答题闯关界面,如图 6.5(a)所示。用户需要正确答题,才能进入下一界面。当用户答题结束后,将出现题目解析画面,如图 6.5(b)所示。

用户等待 5s 后将进入第一个游戏,即马术表演的画面,如图 6.6 所示。第一个游戏规则为用户长按左上角的按钮为马术运动员进行蓄力,如果蓄力成功,则成功跨栏进入下一关,否则重新开始。

击鞠游戏画面展示了唐代的一种流行的体育运动,又被称为"马球",始于汉代,被誉为"马上高尔夫",如图 6.7(a)所示。用户在击鞠游戏的界面中,选择合适的时机单击屏幕,并

(a) 开始答题

(b) 显示题目解析

图 6.5 答题闯关界面

图 6.6 马术表演游戏界面

成功将小球打入左侧门中,即可进入下一关,如图 6.7(b)所示。

第三个游戏为击剑游戏,如图 6.8 所示。画面中右侧的角色为 NPC,左侧为玩家控制的角色,右侧的角色将会随机攻击左侧角色的头部、身体或腿部。此时,用户需要单击头部、

(a) 开始击鞠游戏

(b) 小球打入左侧门

图 6.7　击鞠游戏

身体、腿部 3 个位置,左侧的角色会根据用户选择的位置进行攻击,游戏通过程序内置的游戏规则进行胜负判定。

图 6.8　击剑游戏

　　当用户完成全部 3 个游戏后,将出现游戏胜利画面,并引导用户单击宝箱进行抽奖,用户有机会获得一张十四运吉祥物纪念卡,如图 6.9 所示。

图 6.9　游戏胜利界面

十四运吉祥物纪念卡主要以秦岭四宝作为题材,图 6.10 为其中的一个。

图 6.10　十四运吉祥物纪念卡

　　上面已经为大家介绍了案例游戏的主要玩法,后续内容主要为大家讲解本游戏的开发制作过程。

## 6.2　Cocos Creator 引擎

### 6.2.1　Cocos Creator 引擎简介

　　Cocos Creator 是一个完整的游戏开发解决方案,包含了轻量高效的跨平台游戏引擎,以及能让开发者更快速开发游戏所需要的各种图形界面工具。Cocos Creator 的编辑器完全为引擎定制打造,包含从设计、开发、预览、调试到发布的整个工作流所需的全功能一体化编辑器。Cocos Creator 编辑器提供面向设计和开发的两种工作流,提供简单顺畅的分工合作方式。Cocos Creator 目前支持发布游戏到 Web、iOS、Android、各类小游戏、PC 客户端等平台,真正实现一次开发,全平台运行。

Cocos Creator 是以内容创作为核心,实现了脚本化、组件化和数据驱动的游戏开发工具,具备易于上手的内容生产工作流,以及功能强大的开发者工具套件,可用于实现游戏逻辑和高性能游戏效果。

在开发阶段,Cocos Creator 已经能够为用户带来极大的效率和创造力的提升,但所提供的工作流远不仅限于开发层面。对于成功的游戏来说,开发和调试、商业化 SDK 的集成、多平台发布、测试、上线这一整套工作流程不仅缺一不可,而且要经过多次的迭代重复。Cocos Creator 工作流程如图 6.11 所示。

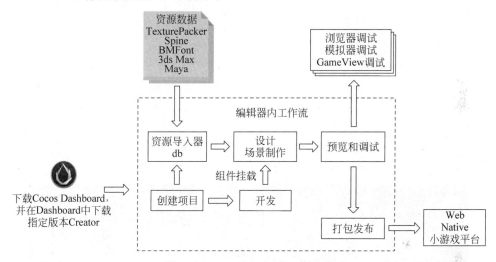

图 6.11　Cocos Creator 工作流程

Cocos Creator 将整套手机页游的解决方案整合在了编辑器工具中,无须在多个软件之间切换,只要打开 Cocos Creator 编辑器,各种一键式的自动化流程使得花费最少的时间精力,就能解决上述所有问题,让开发者专注于开发工作,进而提高产品竞争力和创造力。

## 6.2.2　引擎安装

从 Cocos Creator v2.3.2 开始接入了全新的 Dashboard 系统,能够同时对多版本引擎和项目进行统一升级和管理。Cocos Dashboard 将作为 Creator 各引擎统一的下载器和启动入口,方便用户升级和管理多个版本的 Creator 编辑器。此外,Cocos Dashboard 还集成了统一的项目管理及创建面板,方便用户同时使用不同版本的引擎开发项目。如图 6.12 所示,开发者可以在 Cocos Dashboard 中下载各种编辑器版本,满足当前项目的开发需求。

可以通过单击 Cocos Creator 产品首页的"下载 Cocos Dashboard"按钮,通过对应版本的下载链接获得 Dashboard 的安装包,下载完成后双击安装包进行安装即可,如图 6.13 所示。

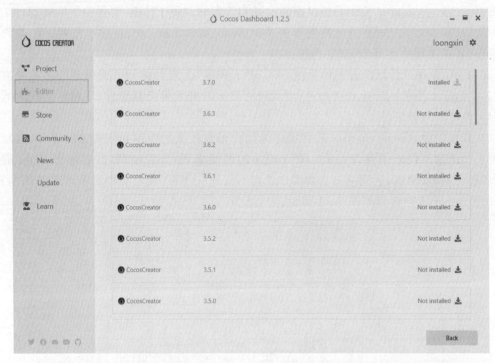

图 6.12　Cocos Creator 编辑器版本下载界面

图 6.13　Cocos Dashboard 下载界面

Windows 版的安装程序是一个扩展名为 .exe 的可执行文件,通常的命名形式为 CocosDashboard-vX.X.X-win32-20XXXXXX.exe,其中,vX.X.X 是 Cocos Dashboard 的版本号,如 v1.0.11,后面的一串数字是版本日期编号。

Cocos Dashboard 要求的系统环境是:

（1）macOS 所支持的最低版本是 macOS X 10.9；

（2）Windows 所支持的最低版本是 Windows 7(64 位)。

在 Windows 系统中,双击解压后 CocosDashboard 文件夹中的 CocosDashboard. exe 文件即可启动 Cocos Dashboard。在 macOS 系统中,双击 CocosDashboard. app 应用图标即可启动 Cocos Dashboard。用户可以按照习惯为入口文件设置快速启动、Dock 或快捷方式,方便随时运行使用。

Cocos Dashboard 启动后,会进入 Cocos 开发者账号的登录界面,如图 6.14 所示。登录后即可享受为开发者提供的各种在线服务、产品更新通知和各种开发者福利。如果之前没有 Cocos 开发者账号,则单击登录界面中的 Sign up(注册)按钮前往 Cocos 开发者中心进行注册,或者直接进入链接(网址请参考本书配套资源)进行注册。

图 6.14　Cocos 登录界面

注册完成后就可以回到 Cocos Dashboard 登录界面登录了。验证身份后,就会进入 Dashboard 界面。除了手动登录或登录信息过期,其他情况下都会用本地 session 保存的信息自动登录。

## 6.2.3　使用 Dashboard

启动 Cocos Dashboard 并使用 Cocos 开发者账号登录后,就会打开 Dashboard 界面,如图 6.15 所示,在这里可以下载引擎、新建项目、打开已有项目或者获得帮助信息。

如图 6.15 所示的就是 Cocos Dashboard 界面,可以单击右上角的设置图标按钮来指定通过 Dashboard 下载的 Creator 编辑器的存放位置,以及 Dashboard 界面显示的语言等。Cocos Dashboard 界面主要包括以下几个选项卡。

（1）项目(Project)。列出最近打开的项目,第一次运行 Cocos Dashboard 时,这个列表是空的。可以在这个选项卡中单击右下角的 New 按钮新建项目,如图 6.16 所示。

在新建项目页面,单击上方的 Templates(模板)和 Editor Version(编辑器版本),可选择 Creator 的引擎模板和编辑器版本。Creator 提供了一些常用的项目模板(包括 2D、3D、VR等),如图6.17所示。通过提供各种不同类型的游戏基本架构,以及学习用的范例资

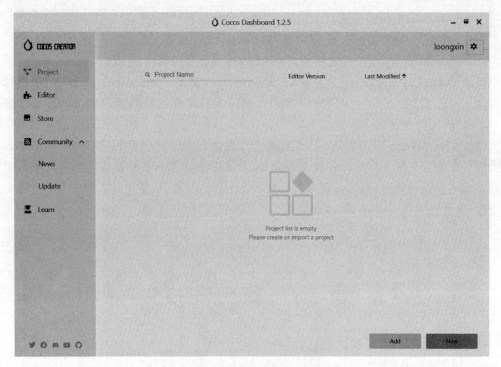

图 6.15　Cocos Dashboard 主界面

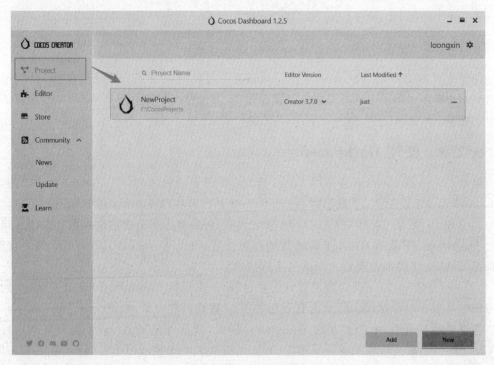

图 6.16　项目管理

源和脚本,可帮助开发者更快速地开始创造性的工作。随着 Cocos Creator 持续添加更多的项目模板,其功能也越来越完善。

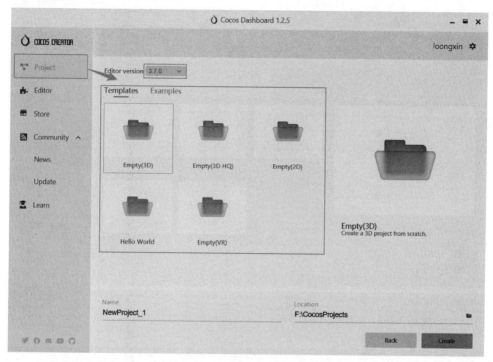

图 6.17　供开发者使用的项目模板

(2) 编辑器(Editor)。单击主界面左侧的 Editor 选项,可以列出所有当前可用的 Creator 编辑器版本(包括已下载安装和未下载安装的),在编辑器列表中选择指定版本之后,可以单击其后的 Not Installed(未安装)按钮对当前选定的版本进行安装,如图 6.18 所示。

(3) 商店(Store)。Store 选项卡中提供了开发者可以选择的免费或者收费资源,使开发者能够顺利进行项目开发,如图 6.19 所示,其形式与 Unity 的 Assets Store 非常类似。

(4) 社区动态(Community)。Community 选项卡用于发布 Cocos Creator 的一些官方信息或者活动等,包括 News(新闻)和 Update(更新日志)等内容,如图 6.20 所示。

(5) 教程(Learn)。Learn 选项卡提供了帮助信息,其中包括各种新手指引信息和文档的静态页面,如图 6.21 所示。

## 6.2.4　Hello World

了解 Cocos Dashboard 以后,接下来看看如何创建和打开一个 Hello World 项目。在 Cocos Dashboard 的 Project 选项卡中,单击右下角的 New(新建)按钮,进入新建项目页面。选择 Empty(3D)项目模板,设置好 Name(项目名称)和 Location(项目路径),然后单击 Create(创建)按钮,如图 6.22 所示。

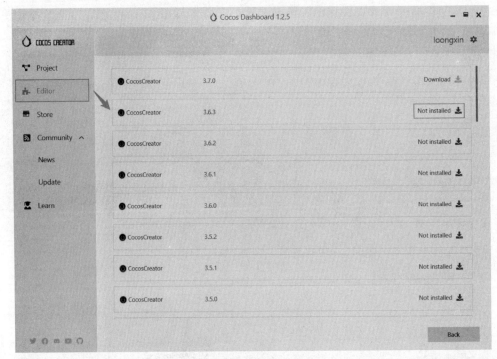

图 6.18　编辑器版本列表

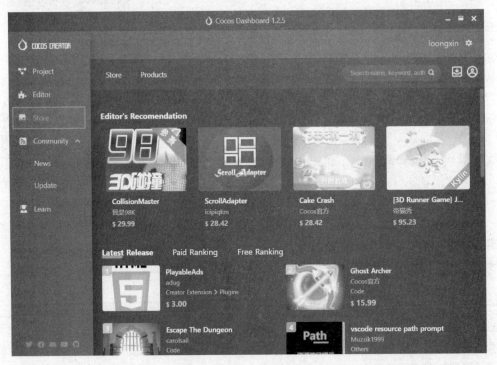

图 6.19　Cocos 资源商店

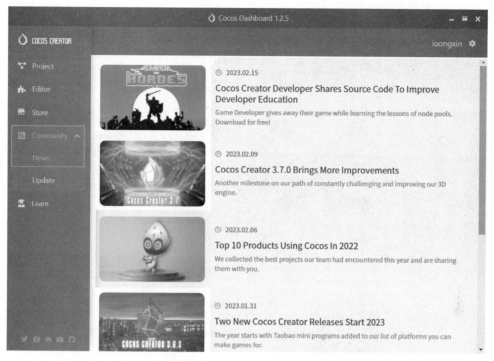

图 6.20　Cocos 官方新闻界面

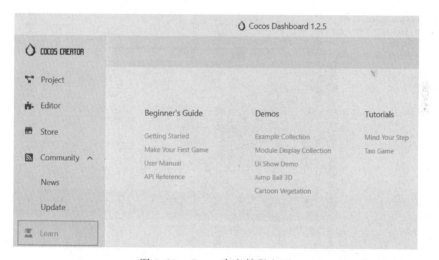

图 6.21　Cocos 官方教程入口

此时等待一小段时间,Cocos Creator 会自动地以 3D 空项目模板创建项目并打开,如图 6.23 所示。

在左下方的 Assets(资源管理器)面板中右击,选择 Create→Scene 命令,就可以创建新的场景,如图 6.24 所示,创建之后的场景文件名默认为 scene.scene。

在左上方的 Hierarchy(层级管理器)面板中右击,选择 Create→3D Object→Cube(立方

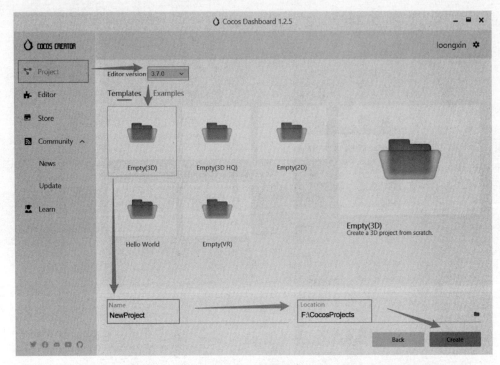

图 6.22　新建项目

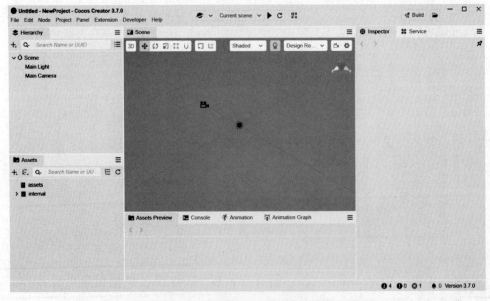

图 6.23　打开项目进入编辑器窗口

体)命令,或者直接单击左上角的"＋"按钮,然后选择 3D Object→ Cube 命令,即可创建一个立方体并且显示在场景编辑器中,如图 6.25 所示。

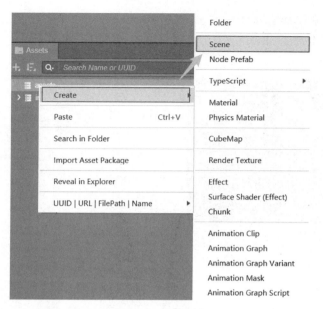

图 6.24　新建场景

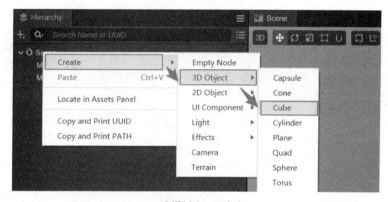

(a) 选择创建Cube命令

(b) 场景中添加了一个立方体

图 6.25　在场景中添加立方体

在 Assets(资源管理器)面板中右击,选择 Create→TypeScript→NewComponent 命令,
然后将脚本文件命名为 HelloWorld,即可在资源管理器的 assets 文件夹下新建一个脚本文
件,如图 6.26 所示。

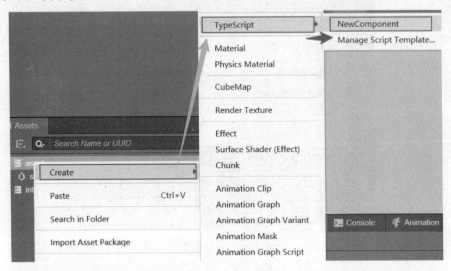

(a) 选择NewComponent命令

(b) assets文件夹中出现新创建的脚本文件

图 6.26　新建 TypeScript 脚本

双击新建的脚本,脚本会自动在脚本编辑器中打开(如 VSCode 等),前提是需要在编辑
器菜单栏的 File(文件)→Preferences(偏好设置)→Program Manager(程序管理器)→
Default Script Editor(默认脚本编辑器)中指定了默认使用的脚本编辑器,如图 6.27 所示。

然后在打开的脚本中为 start()方法添加代码,start()方法会在组件第一次激活时被调
用,这里要求输出"Hello world",脚本代码如下(当前仅仅启用了 start()方法,update()方
法处于禁用状态,已被注释):

```
1.    import { _decorator, Component, Node } from 'cc';  const { ccclass, property } = _decorator;
2.
3.    @ccclass('HelloWorld')export class HelloWorld extends Component {
4.      /* class member could be defined like this */
```

```
5.        // dummy = '';
6.
7.    /* use `property` decorator if your want the member to be serializable */
8.        // @property
9.        // serializableDummy = 0;
10.
11.       start () {
12.           //场景初始化
13.           console.info('Hello world');
14.       }
15.
16.       // update (deltaTime: number) {
17.           //update()方法写在此处
18.       // }
19.   }
```

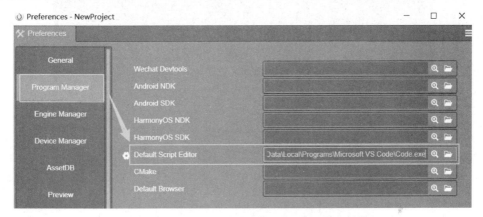

图 6.27　指定默认脚本编辑器

在 Hierarchy(层级管理器)面板中选中创建的 Cube 节点,然后在 Inspector(属性检查器)面板最下方单击 Add Component(添加组件)按钮,选择 Custom Script(自定义脚本)→HelloWorld,即可将脚本挂载到 Cube 对象上,或者直接将脚本拖曳到 Inspector(属性检查器)面板,这一操作与 Unity 非常类似。

简单的场景搭建完成后,就可以单击编辑器上方的预览按钮来运行场景了。可以使用Browser(浏览器)方式进行预览,如图 6.28 所示。除此之外,还支持在编辑器以及 Simulator(模拟器)中来运行场景。

图 6.28　运行场景

以使用浏览器预览为例,Cocos Creator 会使用当前默认的浏览器运行游戏场景,效果如图 6.29(a)所示,可以看到,浏览器中显示了创建的立方体,此时按 F12 键进入调试模式,就能够在 Console 选项卡中看到控制台信息"Hello World!"的输出,如图 6.29(b)所示。

(a) 场景预览

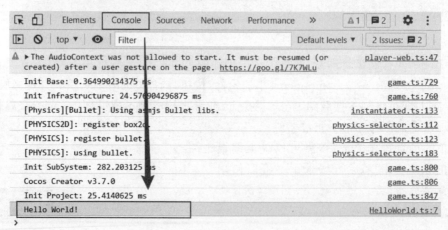

(b) 控制台信息查看

图 6.29　浏览器中查看效果

## 6.3　场景创建

本案例中的场景包含开始场景、游戏场景、过场动画场景以及答题场景。各个场景通过等待时间或交互事件实现切换。图6.30展示了第一个游戏马术表演的场景。

图6.30　场景展示

接下来主要讲解如何在Cocos Creator中创建游戏场景。场景是游戏中的环境因素的抽象集合，是创建游戏环境的基本单元，游戏开发设计人员通过在编辑器中制作一个场景，来表现游戏世界中的一部分。

Cocos Creator通过节点树和节点组件系统实现了自由的场景结构。其中Node负责管理节点树的父子关系以及空间矩阵变换，这样可以轻松地在场景中管理和摆放所有的实体节点（节点的概念等同于Unity中的Object对象）。组件系统赋予了节点各种各样的高级功能，比如模型渲染（MeshRenderer组件）、动画（Animation组件）、光源（Light组件）、地形（Terrain组件）等。3D场景中的必要元素是Camera组件，Camera组件代表的是游戏中的玩家视角，没有Camera什么也看不见。因此，在创建场景时，Creator会默认创建一个挂载了Camera组件的节点。

### 6.3.1　场景资源

在Cocos Creator 3.0中，游戏场景（Scene）是游戏开发时组织游戏内容的中心，也是呈现给玩家所有游戏内容的载体。场景文件本身作为游戏资源存在，并保存了游戏的大部分信息，它也是创作的基础。创建场景目前主要有以下几种方式。

（1）在资源管理器中右击想要放置场景文件的文件夹，然后选择Create→Scene命令即可。为了使项目具备良好的目录结构,强烈建议使用该方法创建场景,如图 6.31 所示,通过一个名为 scene 的文件夹管理当前项目中的所有场景文件,因为一个项目中的场景通常不止一个。

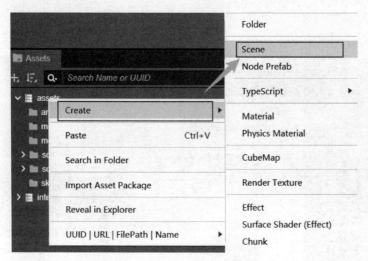

图 6.31　创建场景的第一种方法

(2) 在资源管理器中单击左上角的"＋"按钮进行创建,然后选择 Scene 命令即可,如图 6.32 所示。

(3) 在顶部菜单栏中选择 File→New Scene 命令,如图 6.33 所示,即可在场景编辑器中直接创建一个新的场景。注意,使用该方法创建场景时,资源管理器中不会出现新的场景文件,需要在弹出的保存场景窗口中手动保存场景文件,保存完成后才会在资源管理器的根目录下出现名为 scene.scene 的场景文件。

图 6.32　创建场景的第二种方法

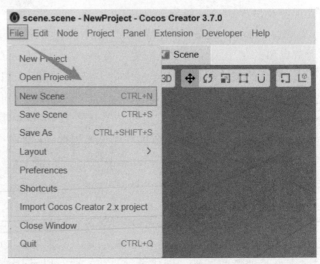

图 6.33　创建场景的第三种方法

创建好场景之后,还有如下的几种场景操作。

(1) 保存场景。有两种方法可以进行场景的保存:

① 使用快捷键 Ctrl + S(Windows 系统下)或 Command + S(macOS 系统下)快速保存场景;

② 在顶部菜单栏中选择 File→Save Scene 命令。

(2) 切换场景。在资源管理器中,通过双击场景文件打开指定的场景。如果需要在游戏过程中切换场景,可通过 director.loadScene 等 API 来实现游戏中动态场景的加载及切换。

(3) 场景属性。双击打开场景文件后,可以看到 Hierarchy(层级管理器)面板中的 scene 是场景节点树的根节点。选中 scene 节点,在 Inspector(属性检查器)面板中可设置场景是否自动释放,以及整个场景相关的属性,包括环境光设置、阴影设置、全局雾和天空盒设置,如图 6.34 所示。

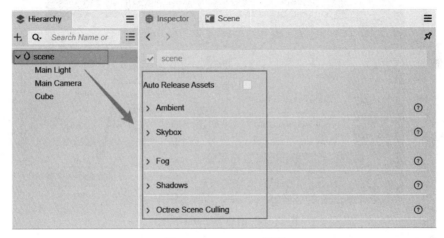

图 6.34　Inspector 面板

## 6.3.2　节点和组件

Cocos Creator 3.0 的工作流程是以组件式开发为核心的。组件式架构也称作实体-组件系统(Entity-Component System),简单来说,就是以组合而非继承的方式进行游戏中各种元素的构建。

在 Cocos Creator 3.0 中,节点(Node)是承载组件的实体,通过将具有各种功能的组件(Component)挂载到节点上,来让节点具有各种表现和功能。接下来看看如何在场景中创建节点和添加组件。

节点是场景的基础组成单位。节点之间是树状的组织关系,每个节点可以有多个子节点,如图 6.35 所示,根节点(Root Node)之下有一级子节点(Node1-2),一级子节点之下又存在二级子节点(Node1-1、Node1-2、Node2-1 等)。

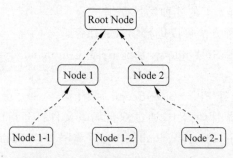

图 6.35　根节点与子节点对应关系

要最快速地获得一个具有特定功能的节点,可以通过层级管理器左上角的创建节点按钮来实现。以创建一个最简单的 Sphere(球体)节点为例,在 Hierarchy 面板中右击,选择 Create→3D Object→Sphere 命令,如图 6.36 所示。

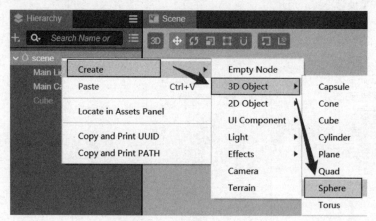

图 6.36　创建 Sphere(球体)

之后就可以在场景编辑器和层级管理器中看到新添加的 Sphere 节点了。新节点的名称默认为 Sphere,表示这是一个主要由 Sphere 组件负责提供功能的节点。也可以尝试再次单击创建节点按钮,选择其他的节点类型,可以看到它们的命名和表现会有所不同。

刚刚创建了节点,现在来看什么是组件,以及组件和节点的关系。选中刚才创建的 Sphere 节点,可以看到 Inspector 属性检查器中的显示内容,可以对当前球体进行更加详细的设置,包括节点变换设置、Mesh 渲染设置、烘焙设置等,如图 6.37 所示。

属性检查器中以 Node 标题开始的部分就是节点的变换属性,节点变换属性包括节点的位置、旋转、缩放等变换信息,具体将在坐标系和节点属性变换部分进行详细介绍。

节点和 MeshRenderer 组件进行组合之后,就可以通过修改节点属性来控制对网格资源的渲染。另外,可以通过节点缩放属性的设置对节点进行调整,可以看到模型的缩放发生了变化,如图 6.38 和图 6.39 所示。

前面提到了组件式的结构是以组合方式来实现功能的扩展,节点和 MeshRenderer 组件的组合如图 6.40 所示。

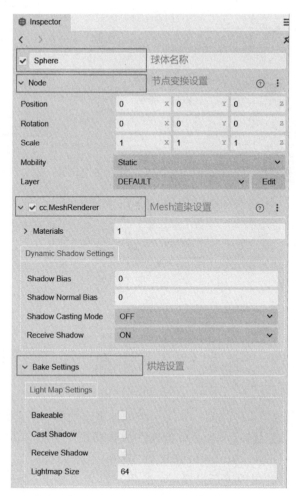

图 6.37　Sphere(球体)详细设置

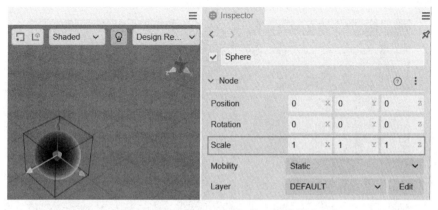

图 6.38　Sphere(球体)等比例缩放

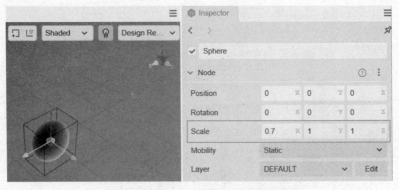

图 6.39　Sphere(球体)不等比例缩放

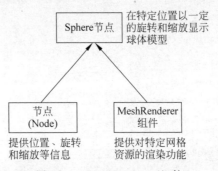

图 6.40　MeshRenderer 组件

在一个节点上可以添加多个组件,来为节点添加更多功能。举个例子,可以在上面的例子中继续选中 Sphere 这个节点,然后单击属性检查器最下方的 Add Component(添加组件)按钮,选择 Light→DirectionalLight 来添加一个平行光组件。

然后对平行光组件的属性进行设置,例如,将平行光的 Color 属性调整为红色,可以看到球体模型的颜色发生了变化,也就是说,为节点添加的 DirectionalLight 组件生效了,如图 6.41 所示。

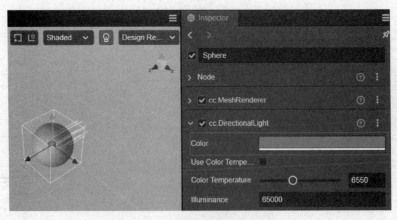

图 6.41　添加红色的平行光组件

Cocos Creator 3.0 采用多种类型的节点与相机匹配来完成场景的布置,当节点设置的 Layer 属性包含在相机的 Visibility 属性中时,节点便可以被相机"看见"。同时 Cocos Creator 3.0 支持 3D 组件与 2D 组件的混合渲染,以便更灵活地控制节点组件的可见性,使分组显示多样化。

### 6.3.3　坐标系和节点变换属性

#### 1. 坐标系

通过上述内容知道可以为节点设置位置(Position)属性,那么一个有着特定位置属性的节点在游戏运行时将会呈现在屏幕的什么位置呢? 就好像日常生活中的地图上要通过经度和纬度才能进行卫星定位。下面先了解 Cocos Creator 3.0 的坐标系,才能理解节点位置的意义。

(1) 世界坐标系。世界坐标系也叫作绝对坐标系,在 Cocos Creator 3.0 游戏开发中表示场景空间内的统一坐标体系,"世界"用来表示游戏场景。Cocos Creator 3.0 的世界坐标系采用的是笛卡儿右手坐标系,默认 X 向右,Y 向上,Z 向外,同时使用 −Z 轴为正前方朝向,如图 6.42 所示。

(2) 本地坐标系。本地坐标系也叫相对坐标系,是和节点相关联的坐标系。每个节点都有独立的坐标系,当节点移动或改变方向时,和该节点关联的坐标系将随之移动或改变方向。Cocos Creator 3.0 的节点(Node)之间可以有父子关系的层级结构,通过修改节点的 Position 属性设定的节点位置是该节点相对于父节点的本地坐标系,而非世界坐标系。在绘制整个场景时,Creator 会把这些节点的本地坐标映射成世界坐标系坐标。假设场景中有 3 个球形节点,分别是 Node A、Node B 和 Node C,节点的结构如图 6.43 所示,其中,Node B 是 Node A 的子节点,Node C 是 Node B 的子节点。

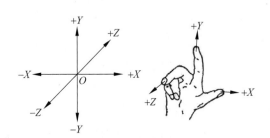

图 6.42　世界坐标系图示　　　　图 6.43　节点的父子级对应关系

当场景中包含不同层级的节点时,会按照以下流程确定每个节点在世界坐标系下的位置。从场景根级别开始处理每个节点,图 6.43 中的 Node A 就是一个根级别节点。首先根据 Node A 的 Position(位置)属性,在世界坐标系中确定 Node A 的本地坐标系原点位置。接下来处理 Node A 的所有直接子节点,也就是图 6.43 中的 Node B(以及其他和 Node B 平级的节点)。根据 Node B 的 Position 属性,在 Node A 的本地坐标系中确定 Node B 在世界坐标系中的位置。总之,不管有多少级节点,都继续按照层级高低依次处理,每个节点都使用父节点的坐标系和自身位置属性来确定在世界坐标系中的位置。

**2. 变换属性**

节点包括位置(Position)、旋转(Rotation)和缩放(Scale)3个主要的变换属性,下面依次介绍。

(1) 位置(Position)。由 $X$、$Y$ 和 $Z$ 属性组成,分别规定了节点在当前坐标系 $X$ 轴、$Y$ 轴和 $Z$ 轴上的坐标,默认为 $(0,0,0)$,可以根据节点在实际场景中的位置,对其 Position 属性进行设置,如图 6.44 和图 6.45 所示。

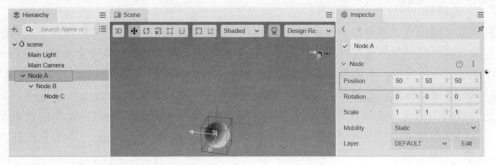

图 6.44　父节点位置设置

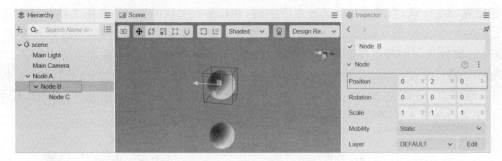

图 6.45　子节点位置设置

图 6.44 中节点 Node A 的世界坐标是 $(50,50,50)$,图 6.45 中子节点 Node B 的本地坐标是 $(0,2,0)$,此时若将 Node B 移动到场景根节点(将 Node B 节点拖动到 Hierarchy 面板的 scene 根节点上),可以看到 Node B 的世界坐标变成了 $(50,52,50)$,如图 6.46 所示。

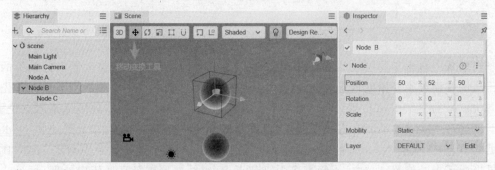

图 6.46　无父子关系时节点位置设置

由此可见,子节点 Node B 的 Position 是以父节点 Node A 的 Position 为坐标系原点的。如果父节点 Node A 改变 Position,那么子节点 Node B 也会跟着改变位置(世界坐标系),但是子节点 Node B 的 Position 属性不会发生变化,因为子节点 Node B 在以父节点 Node A 的 Position 为原点的本地坐标系中没有发生变化。在场景编辑器中,可以随时使用移动变换工具来改变节点的位置,但是要精确改变其位置,就必须调整节点的 Position 属性。

(2) 旋转(Rotation)。旋转(Rotation)由 $X$、$Y$ 和 $Z$ 属性组成,默认为 $(0,0,0)$,是另外一个会对节点的本地坐标系产生影响的重要属性。当改变 $X$ 属性时,表示节点会绕 $X$ 轴进行逆时针/顺时针旋转,以此类推,改变 $Y$ 或者 $Z$ 属性时也是一样的。当属性值为正时,节点逆时针旋转;当属性值为负时,节点顺时针旋转。图 6.47 所示的节点层级关系和图 6.44 相同,只是节点 Node A 在 $Z$ 轴上的旋转(Rotation)属性设为 60°,可以看到 Node A 本身绕 $Z$ 轴逆时针旋转了 60°,如图 6.47(a)所示,同时其子节点 Node B 也绕 $Z$ 轴,一起逆时针旋转了 60°,如图 6.47(b)所示。这意味着旋转属性会影响子节点。在场景编辑器中,可以随时使用旋转变换工具来设置节点的旋转,同样,精确的旋转变换需要调整节点的 Rotation 属性。

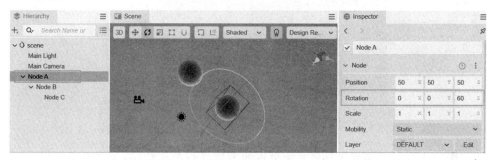

(a) Node A绕Z轴旋转60°

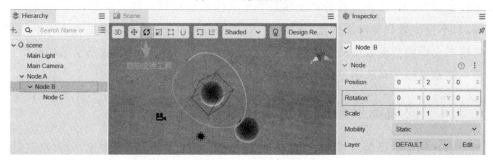

(b) 子节点Node B自动绕Z轴旋转60°

图 6.47　使用旋转变换工具对父子节点同时进行旋转

(3) 缩放(Scale)。缩放属性也是由 $X$、$Y$ 和 $Z$ 三个属性组成,分别表示节点在 $X$ 轴、$Y$ 轴和 $Z$ 轴上的缩放倍率,默认为 $(1,1,1)$,即等比例缩放。图 6.48 所示的节点层级关系和介绍 Position 时的相同。将节点 Node A 的缩放属性设为 $(2,1,1)$,也就是将 Node A 在

$X$ 轴方向放大到原来的 2 倍，$Y$ 轴和 $Z$ 轴保持不变，如图 6.48(a)所示。可以看到子节点 Node B 也在 $X$ 轴方向放大到了原来的两倍，所以缩放属性会影响所有子节点，如图 6.48(b)所示。

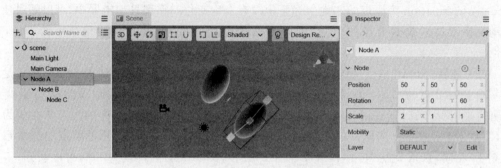

(a) Node A进行$X$轴方向的不规则缩放

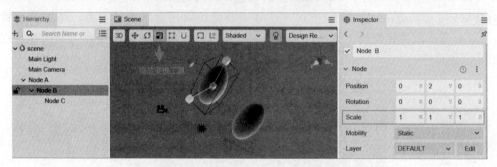

(b) 子节点Node B自动进行$X$轴方向的不规则缩放

图 6.48　使用缩放工具同时对父子节点进行不规则缩放

在子节点上设置的缩放属性会和父节点的缩放进行叠加作用，子节点会将每一层级的缩放属性全部"相乘"来获得在世界坐标系下显示的缩放比例。这一点和位置、旋转属性是类似的，只不过位置和旋转属性是"相加"作用，而缩放属性是"相乘"，作用表现得更加明显。缩放属性不会影响当前节点的位置和旋转，但会影响子节点的位置。在场景编辑器中，可以随时使用缩放变换工具来调整节点的缩放。

## 6.3.4　使用场景编辑器搭建场景图像

当开始在场景中添加内容时，一般会先从层级管理器的创建节点菜单开始，也就是单击左上角的"＋"按钮弹出的菜单，从几个简单的节点分类中选择需要的基础节点类型并添加到场景中。

添加节点时，在层级管理器中选中的节点将成为新建节点的父节点，如果选中了一个折叠显示的节点，然后通过菜单添加了新节点，那么需要展开刚才选中的节点才能看到新添加的节点。

### 1. 空节点

选择 Create 菜单中的 Create Empty Node(创建空节点)命令,就能够创建一个不包含任何组件的节点,类似于 Unity 中的空对象。空节点可以作为组织其他节点的容器(即作为其他节点的父节点),也可以用来挂载开发者编写的逻辑和控制组件。下面还会介绍如何通过空节点和组件的组合,创造符合自己特殊要求的控件。

### 2. 3D 对象

选择 Create 菜单中的 Create 3D Object(创建 3D 对象)命令,可以创建编辑器自带的一些比较基础的静态模型控件,目前包括立方体、圆柱体、球体、胶囊、圆锥体、圆环体、平面和四方形。若需要创建其他类型的模型,可参考 MeshRenderer 组件。

### 3. UI 节点

选择 Create 菜单中的 Create UI(创建 UI)命令,可以创建 UI 节点。Cocos Creator 3.0 的 UI 节点需要其任意上级节点至少有一个含有 UITransform 组件,在创建时若不符合规则,则会自动添加一个 Canvas 节点作为它的父节点,并且每一个 UI 节点本身也会带有 UITransform 组件。所以,Canvas 节点是 UI 渲染的渲染根节点,所有渲染相关的 UI 节点都要放在 Canvas 下面。这样做有以下好处。

(1) Canvas 能提供多分辨率自适应的缩放功能,以 Canvas 作为渲染根节点能够保证制作的场景在更大或更小的屏幕上都能保持较好的图像效果。

(2) Canvas 节点会根据屏幕大小自动居中显示,所以 Canvas 下的 UI 节点会以屏幕中心作为坐标系的原点。根据经验,这样设置会简化场景和 UI 的设置(比如让按钮元素的文字默认出现在按钮节点的正中),也能让控制 UI 节点位置的脚本更容易编写。

## 6.4　游戏动画

本案例中应用了大量的动画效果,例如马术中的奔跑动画、击剑动画等,这些动画都是通过序列帧切换的方式来实现。序列帧动画是 2D 游戏中非常常见的一种动画形式,已经在 3.7 节提到过序列帧动画的原理。本节讲解如何在 Cocos Creator 3.0 中通过代码来实现一个序列帧动画的播放。

### 6.4.1　动画帧

一段连续的动画效果,是多张照片序列通过顺序播放实现的,如图 6.49 所示。

由图 6.49 可以看出,这段动画一共有 88 张图片,它们从头到尾顺序切换一遍,就完成了动画的一次循环,其中的每一张图片称为一个动画帧,即 Frame。在 Cocos Creator 3.0 中,要将一个动画帧展示在画面中,需要用到 Sprite 组件。

### 6.4.2　Sprite

Sprite(精灵)是 2D/3D 游戏最常见的显示图像的方式,在节点上添加 Sprite 组件,就

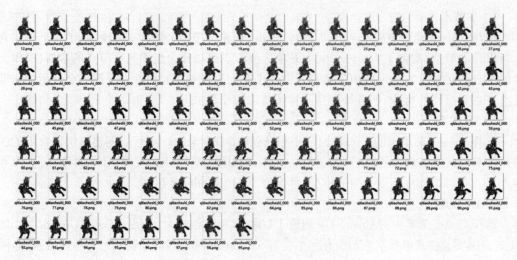

图 6.49　动画序列展示

可以在场景中显示项目资源中的图片,如图 6.50 所示。单击属性检查器下面的 Add Component(添加组件)按钮,然后选择 2D/Sprite,即可添加 Sprite 组件到节点上。

图 6.50　添加 Sprite 组件

　　添加 Sprite 组件之后,通过从资源管理器中将 SpriteFrame 类型的资源拖曳到 SpriteFrame 属性引用中,就可以通过 Sprite 组件显示资源图像。如果拖曳的 SpriteFrame 资源是包含在一个 Atlas 图集资源中的,那么 Sprite 的 Atlas 属性也会被一起设置。

　　Sprite 组件支持以下几种渲染模式。

　　(1) 简单(Simple)模式。根据原始图片资源渲染 Sprite,一般在这个模式下不需要手动修改节点的尺寸来保证场景中显示的图像和美术人员生产的图片比例一致。

　　(2) 九宫格(Sliced)模式。图像将被分割成九宫格形式,并按照一定规则进行缩放以适应可随意设置的尺寸(size)。通常用于 UI 元素,或将可以无限放大而不影响图像质量的图片制作成九宫格图来节省游戏资源空间。

（3）平铺（Tiled）模式。当 Sprite 的尺寸增大时，图像不会被拉伸，而是会按照原始图片的大小不断重复，就像平铺瓦片一样将原始图片铺满整个 Sprite 规定的大小，如图 6.51 所示。

图 6.51　Sprite 组件平铺模式

（4）填充（Filled）模式。根据原点和填充模式的设置，按照一定的方向和比例绘制原始图片的一部分，经常用于进度条的动态展示。

## 6.4.3　动画片段

AnimationClip 又叫动画片段。一个物体的动画可能包含很多个动画片段，这些动画片段随着物体的不同行为进行切换，就组成了这个物体的整个动画。例如，一个角色的动画包括行走、待机、跑动、攻击、死亡等动画片段，在用户下达了行走的指令后，角色的动画将从待机切换到行走。那么如何来实现一个动画片段呢？

### 1. 定义 AnimationClip 类

定义一个空的动画剪辑类，代码如下：

```
1.  @ccclass('AnimationClip')
2.  export class AnimationClip{
3.
4.  }
```

上述定义类型的脚本语言为 TypeScript 语言，也是 Cocos Creator 所支持的编程语言，相较于 JavaScript，TypeScript 有更加规范的类型定义。

### 2. 添加字段

当创建了类型之后，接下来为 AnimationClip 添加其中的字段。字段中存储动画片段所需的基本信息。

```
1.  //动画片段的名称
2.    @property
3.    public name:string = '';
4.    //动画片段对应图像的存放路径
```

```
5.      @property
6.      public url:string = '';
7.       //动画片段对应图像的命名前缀
8.      @property
9.      public framePrefix:string = '';
10.      //动画片段的帧数
11.      @property
12.      public framesCount:number = 0;
13.     //动画的所有帧
14.     @property({type:SpriteFrame})
15.  public frames:SpriteFrame[] = [];
```

### 3. 添加方法

下面为 AnimationClip 添加对应的方法，以便能够操作 SpriteFrame。

```
1.   //设置某一帧的 Sprite 图像
2.      SetFrame(id, frame) {
3.          this.frames[id] = frame;
4.      }
5.
6.   //获取某一帧的 Sprite 图像
7.      GetFrame(id:number):SpriteFrame{
8.          if(id < 0 || id >= this.frames.length){
9.              console.error('get frame error:' + id);
10.          }
11.          return this.frames[id];
12.  }
13.
14.  //加载动画片段资源
15.      Load() {
16.      for(let i = 0; i <= this.frames.length; i++){
17.          let name = this.url + this.framePrefix;
18.          if(i < 10){
19.              name += '0';
20.          }
21.          name += i;
22.          name += '/spriteFrame'          //必须指定到子资源
23.
24.          resources.load(name, SpriteFrame, (err:any, spriteFrame) =>{
25.              this.frames[i] = spriteFrame;
26.          });
27.      }
28.  }
```

### 4. 设置资源的预加载

添加资源预加载的方法如下：

```
1.   preLoad(){
2.          for(let i = 0; i <= this.frames.length; i++) {
```

```
3.              let name = this.url + this.framePrefix;
4.              if(i < 10){
5.                  name += '0';
6.              }
7.              name += i;
8.              name += '/spriteFrame'          //必须指定到子资源
9.
10.             resources.preload(name, SpriteFrame);
11.         }
12.     }
```

## 6.4.4　SpriteAnimation 类的实现

有了 AnimationClip 动画片段后,接下来实现序列帧动画最核心的类,即 SpriteAnimation 类。该类用来实现动画的控制和管理,下面通过代码讲解其实现思路。

### 1. 创建类

创建 SpriteAnimation 类,代码如下:

```
1.  @ccclass('SpriteAnimationClips')
2.  export class SpriteAnimation extends Component {
3.
4.  }
```

SpriteAnimation 类继承了 Component 这个父级类,Component 类即组件类,表示该类的实例是可以作为某个游戏对象的一个组件进行挂载的。

所有继承自 Component 的类都称为组件类,其对象称为组件,实现了 Cocos Creator 3.0 实体-组件系统中的组件概念。组件类必须是 cc 类。当一个组件挂载到一个游戏物体上后,就有了一个固定的生命周期,引擎会通过调用固定的生命周期函数来更新组件的逻辑。下面介绍最主要的 3 个生命周期函数。

(1) onLoad:onLoad 表示当组件加载时被调用。

(2) start:当组件开始时被调用。

(3) update:组件更新时被调用,调用时会传入两次刷新的时间间隔 deltaTime 作为参数。

### 2. 添加字段

为 SpriteAnimation 类添加字段,代码如下:

```
1.  //所有动画帧
2.  @property({type:AnimationClip})
3.  public clips:AnimationClip[] = [];
4.  //默认动画片段
5.  @property
6.  public defaultClipID:number = 0;
7.  //是否是循环动画
```

```
8.    @property
9.    public isLoop:boolean = true;
10.   //开始帧 ID
11.   private startFrame:number = 0;
12.   //结束帧 ID
13.   private endFrame:number = 4;
14.   //fps
15.   @property
16.   public fps:number = 25;
17.   //是否自动播放
18.   @property
19.   public isAutoPlay:boolean = true;
20.   //延迟启动时间(s)
21.   @property
22.   public delay:number = 0;
23.
24.   //载入流逝的时间
25.   private timeGo:number = 0;
26.   //记录从动画开始后每一帧的流逝时间
27.   private playTime:number = 0;
28.   //动画当前帧
29.   private currentFrame:number = 0;
30.   //动画当前帧的图片
31.   private sprite:Sprite = null;
32.   //是否开始动画
33.   private startAnim:boolean = false;
34.   //当前动画片段
35.   private currentClip:AnimationClip = null;
```

### 3. 添加方法

添加动画资源加载方法如下:

```
1.    onLoad() {
2.    //设置当前的动画片段,根据用户赋值的片段 ID 来设置
3.        this.currentClip = this.clips[this.defaultClipID];
4.    //设置开始帧为 0
5.        this.startFrame = 0;
6.    //设置结尾帧为最后一帧
7.        this.endFrame = this.currentClip.frames.length - 1;
8.        this.currentFrame = this.startFrame;
9.
10.   //使流逝的时间归零
11.       this.timeGo = 0;
12.
13.       this.playTime = 0;
14.       this.sprite = this.getComponent(Sprite);
15.   //根据用户设置的动画是否自动播放,来打开或关闭 startAnim 开关
16.       if(this.isAutoPlay){
```

```
17.          this.startAnim = true;
18.      } else {
19.          this.startAnim = false;
20.      }
21. }
```

主要的方法有如下几种：

（1）update 方法。update 是 SpriteAnimation 中最重要的一个方法，update 方法用于游戏画面上图片的展示和切换。当没有 update 时，画面就无法产生动画效果，并且 update 能够记录时间的流逝，能够精确地控制画面更新的时间间隔。下面通过具体的代码实现 update 方法。

```
1.  //deltaTime 为游戏刷新的两帧之间的时间间隔
2.    update (deltaTime: number) {
3.
4.  //动画是否开始播放，如果为 false，则退出 update
5.        if(!this.startAnim)
6.           return;
7.  //将时间累积起来
8.        this.timeGo += deltaTime;
9.
10. //判断时间是否已经超过了用户设定的延迟时间，如果还没有到达延迟时间，则退出 update
11.       if(this.timeGo <= this.delay) {
12.          return;
13.       } else {
14.  //动画开始播放，并记录下播放时长
15.       this.playTime += deltaTime;
16.  //根据用户设定的 fps 来计算两个动画帧之间的时间间隔
17.       let interval = 1.0 / this.fps;
18.  //当到达时间间隔后，开始切换动画帧，进入下一帧
19.       if(this.playTime >= interval){
20.    //重置播放时间
21.       this.playTime = 0;
22.       this.currentFrame++;
23.  //当播放到最后一帧时，根据用户设定的动画是否循环播放，来设置下一帧为首帧，或停止播放
24.       if(this.currentFrame > this.endFrame){
25.          if(this.isLoop){
26.             this.currentFrame = 0;
27.          } else {
28.             this.currentFrame = this.endFrame;
29.          }
30.       }
31.       this.sprite.spriteFrame = this.currentClip.GetFrame(this.currentFrame);
```

```
32.        }
33.    }
34.  }
```

（2）播放动画方法。根据动画片段的名称来播放动画。

```
1.  //name 参数为动画片段的名称
2.    playAnim(name:string){
3.  //停止播放前一段动画
4.        this.stop();
5.
6.        //遍历所有动画片段,并根据参数设置当前动画片段
7.        for(let i = 0; i < this.clips.length; i++){
8.            if(this.clips[i].name == name){
9.                this.currentClip = this.clips[i];
10.           }
11.       }
12. //重置开始和结尾 frameid
13.        this.startFrame = 0;
14.        this.endFrame = this.currentClip.frames.length - 1;
15. //播放动画
16.        this.play();
17. }
```

（3）停止播放动画。当动画播放完成,或者触发某一条件时,暂停动画的播放。

```
1.  stop(){
2.        this.startAnim = false;
3.        this.timeGo = 0;
4.        this.playTime = 0;
5.        this.currentFrame = 0;
6.    }
```

（4）加载所有的动画帧资源。

```
1.  loadSpriteFrames(){
2.    for(let i = 0; i < this.clips.length; i++){
3.    //这里直接调用动画片段的加载方法
4.        this.clips[i].Load();
5.    } }
```

## 6.4.5  编辑 SpriteAnimation

将 SpriteAnimation 代码实现完成后,接下来在编辑器中创建 Sprite 物体,并将 SpriteAnimation 作为组件挂载到该物体上,按照需求设置相应属性即可完成物体动画,如图 6.52 所示。

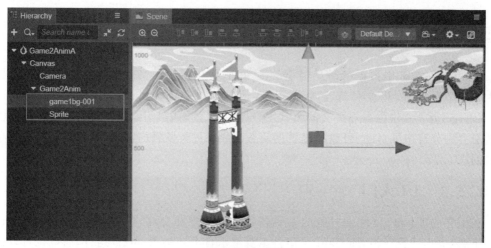

(a) 创建Sprite物体

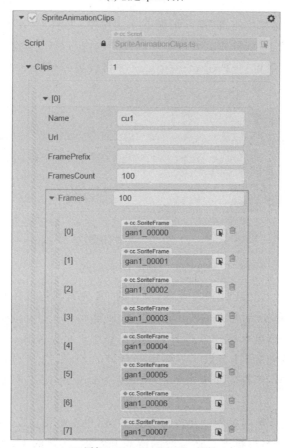

(b) 添加SpriteAnimationClips组件

图 6.52　为物体添加动画

## 6.5　游戏 UI 交互

UI 系统在游戏中占据着举足轻重的地位,它提供了用户交互的接口,用户通过 UI 系统为游戏下发指令,指令传递至游戏场景,使得场景中的人或物产生变化,本节将介绍 Cocos Creator 3.0 中强大而灵活的 UI(用户界面)系统,通过组合不同的 UI 组件来构建能够适配多种分辨率屏幕的、可以通过数据动态生成和更新场景内容,以及支持多种排版布局方式的 UI 界面。

### 6.5.1　UI 入门

在引擎中 UI 和 2D 渲染对象的主要区别在于适配和交互,所有的 UI 需要在 Canvas 节点下,以做出适配行为,而 Canvas 组件本身继承自 RenderRoot2D 组件,所以也可以作为数据收集的入口。

UI 是游戏开发的必要交互部分,一般游戏上的按钮、文字、背景等都是通过 UI 来制作的。在开始制作一款 UI 时,首先需要确定当前设计的内容显示区域大小(设计分辨率),可以在菜单栏的 Project(项目)→Project Settings(项目设置)→Project Data(项目数据)面板中设置,如图 6.53 所示。

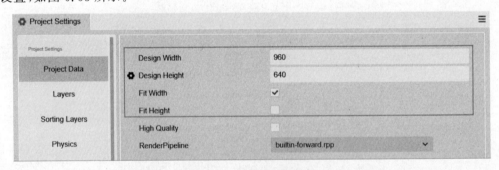

图 6.53　设置 UI 的宽高

分辨率设置完成后,开始创建 UI 元素,所有的 UI 元素都包含在 Canvas 节点下。可以在层级管理器面板中单击左上方的“＋”按钮,然后选择 UI Component→Canvas 来创建 Canvas 节点。Canvas 节点上有一个 Canvas 组件,该组件可以关联一个 Camera。接下来就可以在 Canvas 节点下创建 UI 节点了。编辑器自带的 UI 节点有图 6.54 所示的几种。可以通过选中节点,在属性检查器面板中单击 Add Component 按钮来查看可以添加的 UI 组件,如图 6.55 所示。

UI 渲染组件的先后顺序采用的是深度排序方案,也就是说,Canvas 节点下的子节点的排序决定了之后的整个渲染排序。在一般的游戏开发中,必要的 UI 元素除了 Sprite(精灵图)、Label(标签)、Mask(遮罩)等基础 2D 渲染组件外,还有用于快速搭建界面的 Layout(布局)、Widget(对齐)等。其中,Sprite 和 Label 用于渲染图片和文字,Mask 主要用于限制显示内容,比较常用的地方是一些聊天框和背包等。Layout 主要用于排版,一般用于按钮的单一排列及背包内道具的整齐排列等。

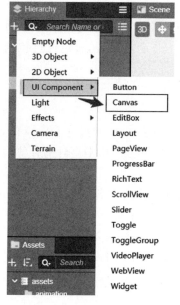

图 6.54　UI 对象的类型　　　　　图 6.55　UI 对象添加组件

最后一个比较重要的功能其实是 Widget,主要用于显示对齐。这里可能涉及另外一个功能,即多分辨率适配,在设计完 UI 需要发布到不同平台时,势必会出现平台的实际设备分辨率和设计分辨率不匹配的情况,这时为了适配不得不做一些取舍,比如头像框,是不能做缩放的,但是开发者又希望它不会受到设备的太多影响,这就需要为它添加 Widget 组件,并且始终保证它对齐在设计界面的左上方。

当界面制作完成之后,可能有人会发现,为什么发布到 iPhone 7 和 iPhone X 的显示效果不一样?这其实也是由于上面提到的设备分辨率的原因。在以设计分辨率进行设计并最终以设备分辨率发布的时候,因为不同型号的手机设备分辨率可能不一致,这中间存在像素偏差的问题,因此还需要做一道转换工序——屏幕适配。

在菜单栏的 Project→Project Settings→Project Data 页面中可以看到,还有两个选项是 Fit Width(适配屏幕宽度)和 Fit Height(适配屏幕高度),按照屏幕适配规则再结合 Widget 组件,就可以实现不同设备的轻松适配。

## 6.5.2　Canvas 组件

RenderRoot2D 组件所在的节点是 2D 渲染组件数据收集的入口,而 Canvas(画布)组件继承自 RenderRoot2D 组件,所以 Canvas 组件也是数据收集的入口。场景中 Canvas 节点可以有多个,所有 2D 渲染元素都必须作为 RenderRoot2D 的子节点才能被渲染。

Canvas 节点除了继承自 RenderRoot2D 的数据入口能力,其本身还作为屏幕适配的重要组件,在游戏制作上面对多分辨率适配也起到关键作用。Canvas 的设计分辨率和适配方案统一通过菜单栏的 Project→Project Settings→Project Data 页面中的 Design Width(设计宽度)和 Design Height(设计高度)进行配置。

Canvas 本身和相机并无关系,其更主要的作用是上面介绍的屏幕适配,所以 Canvas 的渲染效果只取决于和其节点 Layer 对应的 Camera。也就是说,可以通过控制 Camera 的属性来调节 Canvas 下节点的渲染效果。

### 6.5.3　UI 变换组件

UITransform 组件定义了 UI 上的矩形信息,包括矩形的尺寸和锚点位置。开发者可以通过该组件任意操作矩形的大小和位置,一般用于渲染、单击事件的计算、界面布局以及屏幕适配等。

单击 Inspector 面板的 Add Component 按钮,然后选择 UI/UITransform 即可添加 UITransform 组件到节点上。UITransform 组件具有两个重要的属性,分别是 Content Size 和 Anchor Point,如图 6.56 所示,为节点 Node A 添加 UITransform 组件。其中,Content Size 用来控制 UI 矩形内容尺寸,Anchor Point 用来确定 UI 矩形锚点的位置。

图 6.56　UITransform 组件的属性

### 6.5.4　Widget 组件

Widget(对齐)是一个很常用的 UI 布局组件,它能使当前节点自动对齐到父物体的任意位置,或者约束尺寸,让游戏可以方便地适配不同的分辨率。选择节点,单击属性检查器面板的 Add Component 按钮,然后选择 UI/Widget 即可将 Widget 组件添加到节点上,如图 6.57 所示。

可以在 Canvas 下新建一个 Sprite 节点,在 Sprite 节点上添加一个 Widget 组件,然后做如下测试。

(1) 左对齐。选中左对齐的复选框,并设置左边界距离为100px,如图 6.58 所示。

(2) 下对齐。选中下对齐的复选框,并设置下边界距离为50%,百分比将以父节点的宽或高作为基准,如图 6.59 所示。

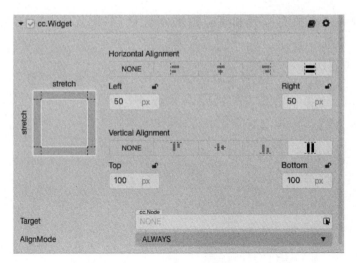

图 6.57　添加 Widget 组件

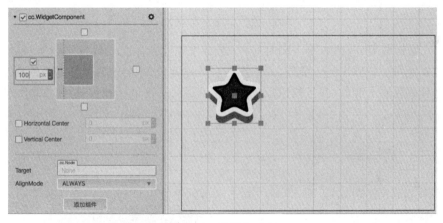

图 6.58　设置左对齐

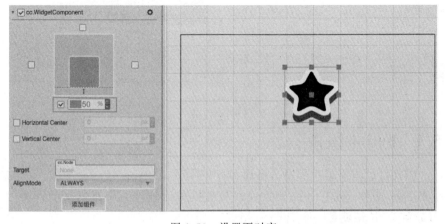

图 6.59　设置下对齐

（3）右下对齐。选中右对齐和下对齐的复选框，并设置边界距离为 0，如图 6.60所示。

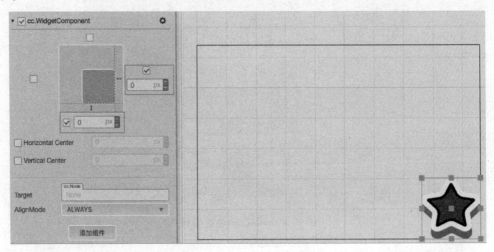

图 6.60　设置右下对齐

如果左右同时对齐，或者上下同时对齐，那么在相应方向上的尺寸就会被拉伸。例如，在场景中放置两个矩形 Sprite 节点，大的作为对话框背景，小的作为对话框上的按钮。按钮节点作为对话框的子节点，并且按钮设置成 Sliced 模式以便展示拉伸效果，如图 6.61 所示。

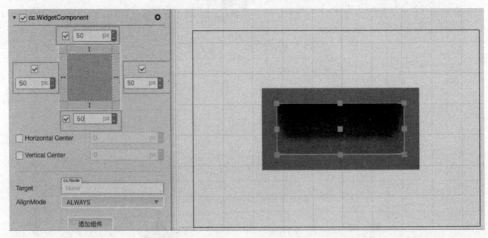

图 6.61　尺寸拉伸

## 6.5.5　Button 组件

Button 组件可以响应用户的单击操作，当用户单击 Button 时，Button 自身会有状态变化。另外，Button 组件还可以让用户在完成单击操作后响应一个自定义的行为。图 6.62所示的"开始游戏"按钮就是一个 Button 组件。

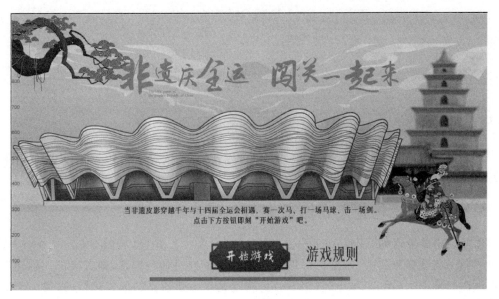

图 6.62 添加"开始游戏"按钮

对于 Button 单击事件而言,Button 目前只支持 Click 事件,即当用户单击并释放 Button 时才会触发相应的回调函数。可以通过脚本来为 Button 添加回调函数,这种方法添加的事件回调和使用编辑器添加的事件回调是一样的,都是通过代码添加。首先需要构造一个 EventHandler 对象,然后设置好对应的 target、component、handler 和 customEventData 参数,代码如下:

```
1.  import { _decorator, Component, Event, Node, Button, EventHandler } from 'cc';
2.  const { ccclass, property } = _decorator;
3.
4.  @ccclass("example")
5.  export class example extends Component {
6.      onLoad () {
7.          const clickEventHandler = new EventHandler();
8.  // 这个 node 节点是事件处理代码组件所属的节点
9.          clickEventHandler.target = this.node;
10. // 脚本类名
11.          clickEventHandler.component = 'example';
12.          clickEventHandler.handler = 'callback';
13.          clickEventHandler.customEventData = 'foobar';
14.
15.          const button = this.node.getComponent(Button);
16.          button.clickEvents.push(clickEventHandler);
17.      }
18.
19.      callback (event: Event, customEventData: string) {
20.          // 这里 event 是一个 Touch Event 对象,可以通过 event.target 取到事件的发送节点
21.          const node = event.target as Node;
```

```
22.          const button = node.getComponent(Button);
23.          console.log(customEventData); // foobar
24.     }
25. }
```

## 6.6 游戏发布

Cocos Creator 3.0 目前支持发布游戏到 Web 端、iOS、Android、Windows、macOS 等操作系统，以及各类小游戏平台，真正实现一次开发，全平台运行。

### 6.6.1 熟悉构建发布面板

选择编辑器主菜单中的 Project→Build(构建)命令或者使用快捷键 Shift+Ctrl/Cmd+B，即可打开构建任务列表，如图 6.63 所示。若没有构建过任一平台，则直接进入构建发布面板。在 Cocos Creator 3.0 中，各个平台的构建是以构建任务的形式进行的，类似于下载任务。

图 6.63 构建任务列表

可以单击图 6.63 左上方的 New Build Task 按钮发起新的构建任务，在构建发布面板中选择需要构建的平台(例如，Android、web-desktop 等)，然后进行构建配置(例如，设置构建名称、构建路径、选择要构建的场景和初始场景、压缩方式等)。配置完成后，单击右下角的 Build(构建)按钮即可跳转到构建任务页面执行新的构建流程。或者单击 Edit Build Config 页面右上角的关闭按钮图标返回构建任务页面,如图 6.64 所示。

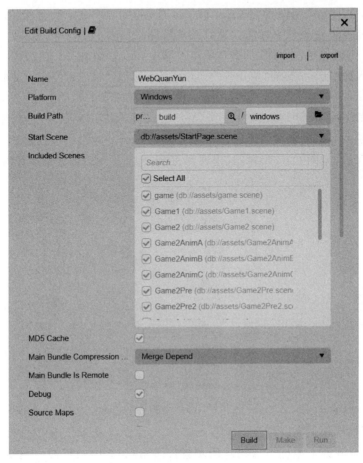

图 6.64　构建页面中的 Build 按钮和关闭按钮

## 6.6.2　构建选项介绍

下面继续说明如图 6.64 所示的构建页面中的一些通用参数。构建路径中包含两个输入框,如图 6.65 所示。

图 6.65　构建路径设置

第一个输入框用于指定项目的构建路径,可直接在输入框输入路径或者通过旁边的放大镜按钮选择路径,这里选择为默认的相对路径 build。从 Cocos Creator 3.1 开始支持切换使用以下两种路径。

（1）file：指定的构建路径为"绝对路径"，也就是之前版本使用的方式。

（2）project：指定的构建路径为"相对路径"，选择的路径只能在项目目录下。使用该种路径时，构建选项中一些与路径相关的（如 icon 图标）配置便会以相对路径的方式记录，便于团队成员在不同设备上共享配置。默认的构建路径为项目目录的 build 文件夹下，如果使用 Git、SVN 等版本控制系统，那么在版本控制中可以忽略 build 文件夹。

第二个输入框用于指定项目构建时的构建任务名称以及构建后生成的发布包名称。默认为当前构建平台名称，同一个平台每多构建一次，便会在原来的基础上加上"-001"的后缀，以此类推。构建完成后，可直接单击输入框后面的文件夹图标打开项目发布包所在的目录。

设置打开游戏后进入的第一个场景。可以在 Start Scene 列表中搜索所需的场景，并将其设置为初始场景，如图 6.66 所示，这里选择将 StartPage.scene 场景设置为初始场景。

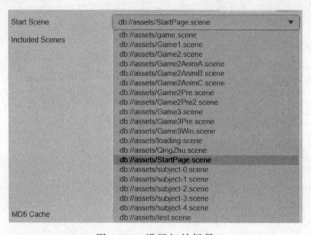

图 6.66　设置初始场景

在构建过程中，除了项目目录下的 resources 文件夹以及 bundle 中的资源和脚本会全部打包外，其他资源都是根据参与构建的场景以及 bundle 中的资源引用情况来按需打包的。因而取消选中不需要发布的场景，可以减少构建后生成的项目发布包的包体积，如图 6.67 所示，可以在 Included Scenes 列表中按需选择参与发布的场景名称。

图 6.67　选择参与发布的场景名称

为构建后的所有资源文件名加上 MD5 信息，可以解决 CDN 或者浏览器资源缓存问题。启用后，如果出现资源加载不了的情况，则说明找不到重命名后的新文件。这通常是由有些第三方资源没有通过 assetManager 加载造成的。这时可以在加载前先用以下方法转换 URL，转换后的路径就能正确加载了。

```
1.  const uuid = assetManager.utils.getUuidFromURL(url);
2.  url = assetManager.utils.getUrlWithUuid(uuid);
```

将鼠标指针移动到 Replace Splash screen 选项时，后面便会出现编辑按钮，如图 6.68 所示。

图 6.68　在 Replace Splash screen 选项后出现编辑按钮

单击该按钮打开插屏设置面板，编辑后将会实时保存数据。可手动指定插屏图片路径，或者直接将文件系统的图片拖曳到 LogoImage 选项后面的图片占位符处进行替换，如图 6.69 所示。

图 6.69　设置应用 Logo

# 参 考 文 献

[1] Ahmed K, Carlos A. Designing, testing and adapting navigation techniques for the immersive web [J]. Computers & Graphics, 2022, 106: 66-76.

[2] Milgra P, Kishin F. A Taxonomy of Mixed Reality Visual Displays [J]. IEICE Transactions on Information and Systems, 1994, E77-D(12): 1321-1329.

[3] 罗方超. 浅谈 VR 和 AR 在虚拟博物馆展览中的应用[J]. 中国民族博览, 2022(02): 198-201.

[4] 裴胜兴. 基于遗址保护理念的遗址博物馆建筑整体性设计研究[D]. 广州: 华南理工大学, 2015.

[5] 汪成为, 高文, 王行仁. 灵境(虚拟现实)技术的理论、实现及应用[M]. 北京: 清华大学出版社, 1997.